# 自 尊——忠为衣兮信为裳

王少华　编著

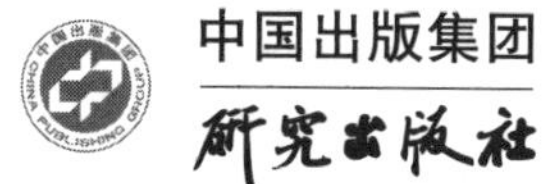

中国出版集团
研究出版社

**图书在版编目（CIP）数据**

自 尊：忠为衣兮信为裳 / 王少华 编著 . — 北京：研究出版社，2010.4（2014.3 重印）

ISBN 978-7-80168-556-8

Ⅰ . ①自… Ⅱ . ①王… Ⅲ . ①人格心理学 – 青少年读物 Ⅳ . ① B848-49

中国版本图书馆 CIP 数据核字（2010）第 047646 号

责任编辑：张 璐 孙晓萌

**自尊——忠为衣兮信为裳**

作　　者：王少华　编著
出版发行：研究出版社
地　　址：北京市朝阳区安定门外安华里 504 号 A 座（100011）
电　　话：010-64217619 64217612（发行中心）
网　　址：www.yanjiuchubanshe.com
经　　销：新华书店
印　　刷：三河市同力彩印有限公司
版　　次：2013 年 1 月第 1 版　2020 年 1 月第 2 次印刷
开　　本：787mm × 1092mm　1/16
印　　张：15
字　　数：195 千字
书　　号：ISBN 978-7-80168-556-8
定　　价：30.00 元

# 前 序

## 忠为衣兮信为裳

古人日：人无信不立，言不信者行不果，君子养心莫善于诚……这些至理名言足以说明：诚信，是多么的重要！在中华民族上下五千年的历史长河中，涌现出许许多多关于诚信的故事，无不说明了诚信的重要性。

“若有人兮天一方，忠为衣兮信为裳。” 这是唐代大诗人卢照邻所作的《中和乐九章·总歌第九》中的一句，意思就是说，人要讲诚信，并把诚信作为自己面对外界交往的一种信条，如人的衣裳一般。试想，如果没有诚信做衣裳，那么，在人面前将会是无遮无拦的丑陋形象。

一个《狼来了》的故事，在民间广为流传。那么，故事悲剧的产生应该怪谁呢？当然是那个说谎的男孩，因为他在人们心中已经没有了信誉，人们也就不再相信他的话了。

假话讲一次或许能行，但别人不会永远上当受骗。从表面上看你是占了便宜，别人被你玩弄于股掌，但当你假话讲多了，当你迫不得已要讲真话的时候，就再也没有人相信你了，这时你丢失的就是诚信。因此，青少年朋友们一定要尊重自己的信誉，永远做一个诚信的人。

一则小故事给我们的警示是深刻的：一个人如果不诚实，就会有麻烦。“撒谎” 的最大害处不仅使放羊的孩子失去了人们的信任、损失了羊群，重要的是损害了他自己的“人格”。

时至今日，这则故事依然给我们以深刻的教训。作为青少年，你是否还在做着一个喊着“狼来了”的孩子呢？如果是，那么就赶快把它从内心深处给去除。因为只有诚信才是你成长道路上最为珍贵的财富。

诚信没有重量，却可以让人有鸿毛之轻，可以让人有泰山之重；

诚信没有标价，却可以让人的灵魂贬值，可以让人的心灵高贵；诚信没有体积，却可以让人的心胸狭隘，目光短浅，可以让人的胸怀宽广，高瞻远瞩；

诚信没有色彩，却可以让人的心情灰暗、苍白，可以让人的情绪高昂、愉悦；

——这，只在于，你是否拥有它！

假若没有诚信，有时候是会让我们付出生命这样惨痛的代价的，同时也让我们更加深切地懂得诚信做人的重要性。一个健全的人格假如没有诚信的保证，那么他的人生必定是惨败的，是不成功的。诚信可以铸就一种伟大的人格力量，诚信是伟大的人格力量的道德底线。

青少年朋友们，让我们都来做“一个高尚的人，一个纯粹的人，一个有道德的人，一个脱离低级趣味的人，一个有益于人民的人”吧！从自身做起，从现在做起，把诚信作为衣裳，为打造美好的明天而奋斗！

编　者

# 前言

*Preface*

一位老作家写道："以天地为心，以真诚为骨。"他将"真诚无欺"作为写文章的准则，往事如屐齿印苍苔，斑斑点点深深浅浅地留下生命的印痕，他采撷其中的几点，无愧于读者，更无愧于自己的良心。做人又何尝不像写文章一样，要做到诚信，要对得起自己的良心。

作为新时代的青少年，要时刻记得：诚信是为人之本，只有讲诚信的人才能得到尊敬和爱戴。如果在交往中不讲诚信，既会伤害到别人，也会伤害到自己。不讲诚信的人可以欺人一时，但不能欺人一世。"失信不立"是亘古不变的人生哲理。

罗曼·罗兰说过："人生像在波涛汹涌的大海里航行的一叶扁舟，船上的乘客只有你一个人，你必须自己把握人生的航向。人生的航向永远都可以用诚信把握，有了诚信，你的小船才不会被金钱、荣誉的大海吞没。"可见，诚信在人生中是多么重要。

诚信是海滩上的贝壳，尽管埋在沙里，但每一颗都能发出耀眼的光辉；诚信是乡间的野花，尽管很不起眼，却可以传递遥远的馨香；诚信是掌船的舵手，有了它，你才可以在暴风骤雨中勇敢、自信地前进……

相信诚信的力量，它可以点石成金，触木为玉。播种诚信，你收获的就不仅仅是朋友的信任，还有——可以信任的世界。

拥有诚信，一根小小的火柴，可以燃亮一片心空；拥有诚信，一片小小的绿叶，可以倾倒一个季节；拥有诚信，一朵小小的浪花，可以飞溅起整个海洋……

那么，与此同时，青少年也需要明白：自尊和快乐紧紧相连。研究发现：生活满意与否的最好指标不是对家庭生活、友情或者收入是否满意，而是对自我是否满意。

我们只要观察一.下身边那些快乐的人就知道，他们不可能是自卑并快乐着的，相反，健康的自尊才是他们持久快乐的重要基础。这些喜欢和接受自我的人，大体上对自己的生活感到满意，并且生活得很愉快。

如果一个人在内心里还没有对自己完全肯定，即使有金钱和地位,也没有办法得到真正的快乐和满足。这也就是某些有钱人觉得生活并不快乐的原因之一。

青少年朋友们，请你们用自己的双手，将人生这部大书写好，用诚信用催化剂、五线谱、调色板，使你们的生活酒更醇，歌更好，画更美！

相信《自尊——忠为衣兮信为裳》一书会给你们带来不一样的人生感悟，读过之后，你们对自己的人生也会有独到的见解！

《自尊——忠为衣兮信为裳》一书结合青少年的成长历程构造出了一幅自尊的美好画卷，为青少年的人生之路打下了坚实的基础。

《自尊——忠为衣兮信为裳》一书通过一些富有哲理性的小故事为青少年讲述了诚信在人生道路上的重要性，极力为广大青少年指出一条通向成功的阳光大道。相信本书会成为青少年人生路上的良师益友。

# Contents 目录

## 上篇 做个有尊严的人



人有许多高尚的品格，但有一种高尚的品格是人生的巅峰，这就是人的自尊心。

说起自尊，不禁有人会要问：究竟什么才是自尊？自尊即自我尊重，指既不向别人卑躬屈膝也不允许别人歧视、侮辱，它是一种好的心理状态。只要不气馁，不灰心，不放弃，自己相信自己，自己尊重自己，就可以通过进一步的努力，找到自己的人生价值，赢得别人的尊敬，感受自尊的快乐。

人贵在有自尊，而且自尊更是所有快乐的源泉，你要想让自己快乐起来，请你拿务必拿起自尊这件必备武器。

自尊，是生命的自我肯定、自我认可，是一个天生的人类的素质，就像你的眼睛嘴巴一样，与生俱来。

自尊是从内心对自我的一种认可和肯定。一个人建立在自尊上的自信，会得到一种更加稳定的“爽”，而不是自我的受外界影响的“爽”。这时候，你一点也不会担心自己会不会失去状态，因为你是不可能失去状态的，你的这个状态是建立在内部的核心信心上的，是不会受外界因素影响的。

一般来说，心理健康的人自尊感比较高，认为自己是一个有价值的人，并感到自己值得别人尊重，也较能够接受个人不足之处。形成自尊感的要素有安全感、归属感、成就感等，这些因素都与个体的外在环境有关。



自尊心重在培养，拥有自尊心，让青春轻轻地绽放出动人的光彩。

自尊心就是自己内心对自己所珍爱的一面；自尊心就是人体因自身的价值，在群体中的地位而肯定自己、接纳自己的体验；自尊心就是同个体的自我认识、自我评价能力直接相关的。

作为21世纪的青少年，你需要从现在开始培养自己的自尊心，因为自尊心是你前进的动力，它与自信心、进取心、社会责任感以及集体荣誉感等紧密联系，共同构成人的积极的心理品质。



在人生道路上，要始终把握好“成长的方向盘”——自尊

青少年在成长的过程当中，有许多需要把握的东西，比如学习、梦想以及人生目标等。然而，在这之前，青少年必须学会把握自己成长的方向盘——学会与自尊同行，否则，一切都将成为空谈。

青少年朋友要知道：漫漫人生路，谁也不知道下一个拐角可能会发生什么，但是学会让自己做自尊的主人，与自尊同行，你的人生将会永不变质。

# 下篇 拥有诚信的花环



在成长的历程中，诚信是一种难能可贵的品质，它让你赢得更多人的尊重!

诚信是一个社会人与人之间互相信任的前提。孔子有一句话说得好：人无信不立。诚信对于个人来讲，是一个立世的准则。如果你能够在自己的成长历程中拥有诚信，那么你就会轻松赢得别人的尊重。

青少年必须懂得，诚信是一种人生的境界。诚实又是力量的一种象征，它显示着一个人的高度自重和内心的安全感与尊严感。

诚信是友谊沟通的桥梁，善于欺骗的人，永远到不了桥的另一端。

朋友之间，最为可贵的就是彼此之间互相信任。也正是诚信才架起了友谊沟通的桥梁。

青少年必须懂得，如果你想要得到快乐，那就拿出你的真诚；如果你想要交到更多的朋友，那就拿出你的信用。



诚信是通向成功的桥梁，没有诚信，就没有成功。

诚信与成功，犹如山与水之间的关系。仁者乐山，智者乐水。在仁者看来，山的厚重与坚韧象征了人与人之间的信任与依靠，诚信就是山一般的品质。在智者看来，水的流动与冲力象征了人对自己的生活采取一种灵活与坚持的生活态度，成功就是对水一般品质的报偿。诚信是成功的基石。

青少年要想成为仁者与智者，都需要处理好诚信与成功的关系。要记得：

诚信缔造了一切成功辉煌。



拥有一颗诚实守信的心，生活将处处充满阳光。

生活如酒，或芳香，或浓烈，或馥郁，因为诚实，它变得醇厚；生活如歌，或高昂，或低沉，或悲戚，因为守信，它变得悦耳；生活如画，或明丽，或黯淡，或素雅，因为诚信，它变得美丽；生活如书，书中的字要我们用诚信去写，我们的生活要用诚信去呵护。

青少年要想将来的生活更美好，要紧握好诚信这把点石成金的手杖。

# 上篇

# 做个有自尊的人

# 第一章

## 生命的皇冠——做人，贵在有自尊

人有许多高尚的品格，但有一种高尚的品种是人生的顶峰，这就是人的自尊心。

说起自尊，不禁有人会要问：究竟什么才是自尊？自尊即自我尊重，指既不向别人卑躬屈膝也不允许别人歧视、侮辱，它是一种好的心理状态。只要不气馁，不灰心，不放弃，自己相信自己，自己尊重自己，就可以通过进一步的努力，找到自己的人生价值，赢得别人的尊敬，感受自尊的快乐。

人贵在有自尊，而且自尊更是所有快乐的源泉，你要想让自己快乐起来，请你拿务必拿起自尊这件必备武器。

# 1 人贵有自尊

别抱怨别人不尊重你，要先问问自己是否尊重别人。

——佚名

自尊，一个颇有分量的词。那么，何谓自尊？自尊就是我们所说的自我尊重，不向别人卑躬屈膝，也绝不允许别人歧视侮辱。自尊就是一种非常好的心理状态。青少年必须要明白，人最重要的是要有自尊。

## § 人贵有自尊

做人一定要有自尊，如果舍弃了自己的自尊，就等于舍弃了你自己。同样的道理，你拥有了自尊，就等于拥有了人生的主动权。

为人类做出卓越贡献的物理学家牛顿，在他小的时候学习并不是非常好，可是他总是喜欢动手做一些东西。

一天，他将自制的小风车带到学校，同学们问风车为什么会转，小牛顿答不上来，受到同学们的讽刺。强烈的自尊心使他觉得很没面子，极为尴尬。从这以后，他奋发图强，立志要长学问。凡是他遇到的，都要问个究竟，直到弄懂。他的钻研精神，使他成为著名的科学家。可见，自尊在人生的经历当中是多么的宝贵。

青少年需明白一个道理，面对挫折报以微笑是一种人生的大境界，而用自尊对待生活则是一种完整的人生。一个人可以没有荣誉和鲜花，但却不能没有自尊。不论别人是否尊重你，你都要尊重自己。古语有云：人不求人一般高。又说：人到无求品自高。敬人者，人敬之。人尊人重，人敬人高。只有自尊才能尊重别人，也才能受到别人的尊重。

当然，自尊并不是自私，自尊同样的也不是妄自尊大，自尊就是做人最起码的一个处世原则。换句话来说，自尊是一个人的脊梁，自尊是无畏的气概，自尊是一个人必须具备的遵守。它提供给生命的不只是一种依托，一种凭借，一种支撑，而是永远的充实，永远的能量，永远的精神动力。

一个人一旦拥有了自尊，那么，他就具有了一种内涵丰富的修养，尽管容易让人误解为自负、清高，但它从不趋炎附势，身躬屈膝，不会为尘嚣所乱心，为诱惑而动摇。尽管不屑于高谈阔论，妙语连珠，但不说就不说，说出来就掷地有声，就连那余音也会飘出一些豪气来。正所谓：侠骨、傲骨、铁骨，只要有了自尊即使化为一堆白骨也有千金之贵；警语、壮语、隽语，只要有了自尊，即使是只言片语也是一言九鼎。

简而言之，自尊就是一种力量，它可以变被动为主动，化腐朽为神奇；它更是一种旗帜，引领人生向前进。

## § 自尊影响人的一生

对于著名的大画家齐白石大家也许都不陌生。在他回忆小时候事情时，他说他的母亲并没有给他灌输什么大道理，但是，她朴素的“人穷志不穷”的观念，却是一种对“做人要有尊严”的最好注解。正是这种信念造就了齐白石“画品绝，人品佳”的大家风范。齐白石母亲的做法能让我们明白一个道理：一个人成功大厦的构筑，除了自信的水泥、自强的红砖之外，更离不开那种名叫自我尊严的钢筋！

青少年必须明白自尊对于人生的重要性，没有自尊，你就失去了一切先决条件。自尊自爱就是一种力求完善的动力，是一切伟大事业的渊源。一个人，即便是一个无家可归的流浪者，他可以没有家，可以没有亲人，没有依靠，但他不能没有自尊，没有自我——自尊自爱、自强不息的精神，是人之所以为人的根本所在！

青少年正处于学习的大好时光，更应该记住：自尊是一个人基于全部的自重、自信和自我负责来对待自己的态度。自尊心是自我意识中最敏感的一个部分，一个人有了自尊心，就会总是能争上游，不达目的誓不罢休。有时候， 自尊甚至能让一个人突破自己，重新找回自己做人的意义和价值。

某纽约商人看到一个衣衫褴褛的铅笔推销员，顿生一股怜悯之情。他把1元钱丢进卖铅笔人的怀中，就走开了。但他又忽然觉得这样做不妥，就连忙返回，从卖铅笔人那里取出几支铅笔，并抱歉地解释说自己忘记取铅笔了，希望不要介意。最后他说："你跟我都是商人，你有东西要卖，而且上面有标价。"

几年过后，在一个社交场合上，一位穿着整齐的推销商迎上这位纽约商人，并自我介绍："你可能已经忘记了我，我也不知道你的名字，但我永远忘不了你，你就是那个重新给了我自尊的人。我一直觉得自己是个推销铅笔的乞丐，直到你跑来告诉我，我是一个商人为止。"

对陷入困境的人给予无私的帮助确实重要，而如果能让他意识到自己的尊严和价值，那么就是最根本的、最彻底的帮助。因为人一旦充分意识到自己的尊严和价值，就会焕发出惊人的进取心。

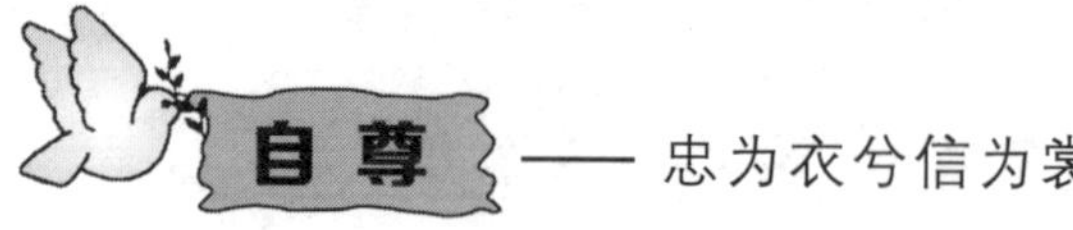

每一个青少年都应该努力让自己做一个有自尊的人。因为自尊是你的一切，因为有了自尊，你的生命将会从此而变得更加精彩；因为有了自尊，你的人生将会从此而发生巨大的改变。

# 2 自尊是成才的动力

士可杀而不可辱。

——题记

自尊就是一种动机，也是人类行为的动力之源。自尊动机因自尊水平高低而有差异，但只要条件适宜，这种差异可以得到改观。自尊是青少年成才发展、实现自我的不竭动力，在青少年成才发展过程中具有积极、重要的作用。

## § 自尊促使你成才

你若想让自己将来会有一番成就，那么，就请把自尊当成你成才的动力。在成才的路上，自尊是你必备的武器。著名画家徐悲鸿有一句名言：“傲气不可有，傲骨不可无。”这句话说明了一个简单的做人道理：不要在成绩面前骄傲自满，不要狂妄自大，目中无人，但也不能丧失气节地一味讨好别人，作践自己。

自尊是一个人成才与成功的重要条件，古今中外，凡是有成就的人，无一不是以良好的自尊为先导的。20世纪初，徐悲鸿在欧洲留学时，曾碰到一个洋人的寻衅。那个洋人说："中国人愚昧无知，生就当亡国奴的材料，即使送到天堂深造，也成不了才！"徐悲鸿义愤填膺地回答："那好，我代表我的祖国，你代表你的国家，等学习结业时，看到底谁是人才，谁是蠢材！"一年之后，徐悲鸿的油画就受到法国艺术家的好评，此后数次竞赛，他都得了第一，他的个人画展，轰动了整个巴黎美术界。这样令人惊叹的成就是那个洋人远远不能及的。

这个故事告诉我们：自尊自信是一个人成才与成功的重要条件。一直以来，自尊都影响着每一位青少年的成长，也决定着青少年的创造力、进取心及与他人的关系等。一位美国心理学家巴巴拉·伯衣博士说："要想具有较强的自尊心，青少年们必须感到自己既能讨人喜欢，又有足够的能力。他必须深信自己的价值，能够应付自己和周围的问题。"

简而言之，自尊也称自尊心。每个人都有顾及脸面，维护自己尊严的心理，这是自尊的表现；同时也希望得到他人、集体、社会的尊重与爱护，这也是自尊的表现。也正是强烈的自尊心促使徐悲鸿取得了令全世界瞩目的成就。

## § 成才路上离不开自尊

在我们的日常生活当中，总是会有一些自尊心特别强的人，也会有一些缺乏自尊的人，如果要说起来，这与从小以来的经历不无关系，而且环境与教育也起了很大的作用。很大程度上，自尊是青

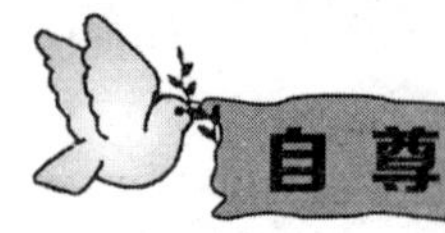




少年成才的主要动力。假如青少年在成才的道路上缺少了自尊，那么，对于他的成长而言，则将会成为一种失败，一种无可挽回的失败。

我们为什么会说自尊就是青少年成才的动力呢？这主要是由于，一个人如果具有自尊，那么，他就相应的具有一定的自信。我们每个人都有自己的优点、长处、优势，也有缺点、短处、劣势。认识到这些并能愉快地接纳自己，相信自己的能力和才干，这是自信的表现。自尊自信是正确认识自己的结果。

第二次世界大战期间，德国法西斯的头头戈林曾问过一名瑞士军官："你们有多少人可以作战？"瑞士军官答道："50万。"戈林又说："如果我派百万大军进入贵国，你们怎么办？"答曰："简单，我们就每人开两枪。"

面对这样的情况，贵国能拿出一定的自尊来应对实属必要，正是由于他们的自尊，所以在调侃中，他们在精神上就略胜对方一筹。那么，同样的道理，青少年更应该拿出自己的自尊心来应对成才路上的一切困境。

## 轻轻地告诉你

广大的青少年朋友，自尊在你成才的道路上，将占据着非常重要的角色。你必须让自己成为一个有自尊的人，让自己扬起成才道路上的风帆。假如你能够做到用自尊来迎接每一份挑战，那么，你就会是成才路上最为出色的一个。

# 3 自尊是获取快乐的源泉

自尊应该是和快乐紧密联系在一起的。

——题记

在我们的生活中，人人都可能有不如别人的地方，比如长得不漂亮，甚至有生理缺陷。只要我们不气馁，不灰心，不放弃，自己相信自己，自己看得起自己，自己尊重自己，我们就可以通过进一步的努力，找到自己的人生价值，赢得别人的尊重，感受自尊的快乐。

## § 自尊与快乐

曾经有人这样说过："做人呢，共有四点是绝对不可以缺少的，那就是自尊、自信、自爱、自强。"其中"自尊"是头条，一个人只有活得有自尊，生活才会快乐。

自尊应该和快乐是同步的，因为一个人如果没有了自尊，那么，他的生活也必定会失去乐趣。因为缺乏自尊，所以别人就会认为他懦弱，好欺负，就会歧视他，侮辱他。要想让他人尊重你，首先要保持自尊。

有这么一个班级事例，充分体现了自尊与快乐的关系。

在某一次的班会上，老师要求每一个人都来谈谈自己上学期的不足与这学期的改进方法，但是遗憾的是，始终没有人主动站起来发言，班里也鸦雀无声，安静得仿佛往地上掉一根针的声音都能听到。半晌，老师大声指责道："你们该说时不说，不该说时乱说，好钢放不到刀刃上。"随即拿起花名册，点名叫同学发言。

就在这种情况下，鹏超心里忐忑不安，生怕老师第一个叫他，于是两颊慢慢热起来，心砰砰乱跳，像要跳出来似的。"王某某同学！"还好，不是我。鹏超心里这样暗暗地安慰自己："其实这没什么，只要把自己心里的话说出来就行了！"

就这样，鹏超的心里慢慢地平静了下来，并充满自信地看着老师。果然，老师下一个叫了他，当他非常流畅地说出自己的想法后，全班同学报以热烈掌声，老师也投来赞许的目光。他满心欢喜地坐下来，感受自尊带给他的无限快乐！

从某一种程度上来讲，自尊对于青少年来讲是至关重要的，它可以促使一位青少年不断地追求进步，从而从进步中感受到自尊带给自己的快乐。事例中的鹏超正是由于强烈的自尊心驱使，才让他大胆地回答老师的问题，并得到老师和同学的高度赞扬。

青少年必须让自己无时无处地获得快乐，那么你就得学会先有自己的自尊，这是至关重要的。据美国密歇根大学的研究者对快乐的研究中发现：生活满意与否的最好指标不是对家庭生活、友情或者收入是否满意，而是对自我是否满意。而对自我满意与否来源于自尊的获得。

## § 自尊——获取快乐的源泉

如果你能够仔细地观察身边一些快乐的人，你就会如实的发现：他们一定是因为有自尊才有快乐的人。心理学家指出，自尊和自信是持久快乐的重要基础。

换言之，如果一个人在内心深处，并没有对自己有着完全的肯定，那么，即使他还有快乐，也是没有自尊和自信的快乐。相反，作为青少年，如果你肯定自己，在任何情况下都不会对自己失去信心，就根本不会对自己不满意。不管是顺境还是逆境，在你的心中，都有着坚硬的盾牌，保护你的心灵不被坏情绪所侵袭。

纵观历史上的大人物，他们无一不是经历了人生的大起大落。可是，他们都能够从容面对，沉着微笑，这是因为他们对自己的信念充分肯定。有些人总是习惯自我贬低，这是一个对身心极具破坏力的习惯。这不仅打击你做事的自信心，还会扼杀你的独立精神和人格，使你整天萎靡不振，找不到生活的精神支柱。而且还会让你失去享受美好生活的能力，因为你会躲躲闪闪，不敢正视生活，不管去到哪里，总是不敢面对别人的视线，总是觉得自己做得不好，那么你又怎能安心地发现和享受生活中的快乐呢?

在生活当中，如果你始终保持着对自己的赞许之心，始终充分欣赏自己的生活，诚实、热情、真诚地面对生活，你就会感到无比快乐。这才是真正成功的生活，即使别人认为你是失败者，也无所谓。

在学习当中，自尊更能帮助我们有效的行动。当你接收到老师分配给你的一项任务时，你是否觉得有一点吃力，有一点恐惧，担心自己不能很好地完成，害怕会因此被别的同学轻视?如果你是这样想的话，那么你很难把事情完成，只有当你抛开这些顾虑，相信自己能完成，并专注地去解决问题时，你才可能成功。只要你拥有自尊，你就什么都可以做，什么都可以想，什么都能实现，自尊会带给你力量，让你彻底相信自己的能力。

假如你对自己的价值没有把握，你的能力就不会完全发挥出来。哪怕是对自己有些许不满，对自己要干什么或去向何方有疑虑，或者是一点点不自信的情绪，都会产生很大的破坏性。对自己的怀疑是世界上最没有价值的事情。青少年一定要养成肯定自己的习惯。

自尊究竟是怎么样获得的呢？很简单，就是自信。你获得了自尊的快乐，那么，你必定会从自信中得到自我认可。

虽然每一个人都是独特的不同个体，但是，有一个基本信仰却是恒久不变的：那就是不管你想要做什么，保持积极正面的态度，有自尊且有自信，认清自己的梦想，将是获取成功最基础的要件。

##  4 别让自卑妨碍你的自尊

谁自重，谁就会得到尊重。

——巴尔扎克

你也许会经常听说，过分的自尊就成了自卑。有人认为“自卑”的反义词是“自尊”，他们以为自卑就是由于缺乏足够的自尊心而引起的。其实，真正的情况恰恰相反，由于自卑缺乏内在的价值感，所以，外在的事情常常就会破坏他们的自尊。

### § 告别自卑，自我尊敬

一般来讲，自尊和自卑是人的性格表现形式。实际上，这和一个人的成长经历、家庭环境、教育程度、社会环境以及人际关系等方面都有

着比较直接和间接的联系。比如说，面对同样一个问题，得出的结论对于每个人来讲，肯定也是大相径庭。

有一位年轻的人寿保险推销员跑去找咨询专家，他曾经在第一年中屡创纪录，但是以后却严重衰退。他的问题到底出在什么地方呢？乍看之下，这个年轻人非常沮丧，而且对未来感到很烦恼，他的支出账单在继续增加之中，但是佣金收入却寥寥无几。他发现自己陷入困境：他越需要佣金，越赚不到；越想要促成生意，越无法成交。他说："这到底是为什么呢？我甚至乞求别人买保险！可见我是多么想争取生意啊！"

专家很快就认清了关键所在，他要这位年轻人尽量往繁荣兴旺的方向思考，停止往贫穷的方向思考，要使自己深信"即使在财务面临破产的境地，但是在其他方面仍是非常富裕"。诸如"我的能力很强""我的野心很大""我的机会很多"等。而结果确定令人十分惊异。在不到一周的时间内，他就得到了很高的保险额，恢复了以前那种高收入。

一年以后，他又跑去找专家。"我要让你看一些东西。"他打开公文包，取出一件东西并且对他说："请看看挂在我办公室中，用镜框镶起来的是什么呢？"

以下就是他用镜框镶的一些文字：我很富裕！我的能力很强，我的野心很大，我的机会很多，而且我的家庭充满情爱。

从这则故事当中，我们应当记住这里面的道理。那就是：想到要富裕，就能够使人因此而富裕；想到贫穷就会使人因此而贫穷。自尊，真正诚恳的自我尊敬，是获得包括金钱在内的所有财富里最基本的元素。

那么，在"变成贫穷"与"没有金钱"之间，是有极大的区别的。当一个人除了具有贫穷的感觉以外，其他则一无所有，结果他就会继续贫穷下去。请你多想想富裕，别再想到贫穷吧。因为迈向富裕的道路是用富裕的思想铺筑起来的。自卑、甘于现实甚至自暴自弃永远是弱者无能的表现，唯有自尊、自信，才能获得社会的承认。

## § 别让自卑妨碍你的自尊

自卑，顾名思义，主体自己瞧不起自己，它是一种消极的情感体验。在心理学上，自卑属于性格的一种缺陷，表现为对自己的能力和品质评价过低。自卑的前提是自尊，当人的自尊需要得不到满足，又不能恰如其分、实事求是地分析自己时，就容易产生自卑心理。

一个人形成自卑心理后，往往从怀疑自己的能力到不能表现自己的能力，从怯于与人交往到孤独地自我封闭。本来经过努力可以达到的目标，也会认为“我不行”而放弃追求。他们看不到人生的光华和希望，领略不到生活的乐趣，也不敢去憧憬那美好的明天。

如果你留心一下就会发现：自卑感较强的人一般具有以下几种性格特征：小心、内向、孤独和偏见、完美主义。世界上，面面俱到的优秀人物、强者应与自卑无缘，但问题是，还没有一个人会在生理、心理、知识、能力乃至生活的各个方面都是优秀者、强者。从这个角度出发看待人，就会自然而然地发现，天下无人不自卑，只是自卑的表现形式与程度不同罢了。

有的人自卑心理的诱因是生理素质方面的，如五官不够端正、过胖、过瘦、过矮、口吃、身体有残疾、缺陷等，这被称为“真自卑”；有的人自卑心理的诱因是社会环境方面的，如出身农村、经济条件差、学历低、工作环境不好、家庭或单位的影响等；有的人自卑心理的诱因是性格气质方面的，如内向、孤僻等；有的人自卑心理是由于生活经历造成的，如情场失意、当众出丑被人嘲弄等。

自卑感是人类天生的一种属性。不同的是智者能克服这种自卑感，使自己活得坦然自在；愚者盲目甚至过分地意识到自己的不足，他们陷入深深的自卑之中，于是只是埋头苦干，任劳任怨，从不敢提出一点自己的看法，任人驱使。愚者的一生，除了做苦力，没有任何建树。

卡耐基认为：信心和勇气能够导致激扬奋发的情绪，会使整个人像是突然被“充电”一样地带劲，立即会产生一种解决困难的欲望，并要求自己把事情处理得非常完美。当我们一旦下定决心，以无比的信心和勇气去面对困难的时候，马上又会变得神采飞扬、头脑清晰了。但是，当我们的思想被自卑困住的时候，往往会变得懒散，反应迟钝。

青少年应坚信，你是世界上独一无二的，你应悦纳自己、接受自己、相信自己的潜力，你和我都具有这样的潜能。所以，不要浪费时间去担忧自己的与众不同。无论是好是坏，你都得耕耘自己的土地；无论是好是坏，你都得弹起生命中的琴弦。因此，人不应该自卑，而应当有信心战胜自卑。一旦你突破了自卑的羁绊，就会对自身的内在潜能有全新的评价，而你在不久的将来，定会成就一番伟业。

## 5 要学会维护你的自尊

人应尊敬他自己，并应自视能配得上最高尚的东西。

——黑格尔

自尊，就是自己尊重自己。自重，就是自己重视自己。其实，自尊与自重，二者是同义而异词的名相，于义理的内涵，应该是完全相同的。人人都有自尊，却不太在意自重，而又强调自尊。殊不知，自尊的建立来自自重，也就是说，要维护自尊，唯有自重。

## § 维护你的自尊

自古以来，尊重必具“贵气”，当然，这里的贵气并不指的名位显赫，更不是庞大的财力，而是有否“可贵”的“气势”，值得他人尊重或重视。这其中，颇具潜移之功，默化之德，于他人是肯定的饶益，绝对的利乐。

因此，古人流芳千秋万世，无不是以重视自己而为他人所尊重，逐渐地建立起从维护的尊重而受他人所重视。否则，自尚不重，谁为之尊，于他，又何尊之有？

下面来看一下石油大王哈默年轻时的一段经历：由于自然的灾害，哈默随着一个难民队伍找出路。路上一个小镇上的居民看他们可怜，就慷慨地给他们提供了一些食物。难民纷纷迫不及待地吃了起来，只有年轻的哈默没吃。他问给他提供食物的大叔有什么活要干，他不能不付出劳动就接受别人的食物。大叔说没什么活要干，哈默就不吃，最后只好让哈默给他捶捶背。哈默认真地给大叔捶了背，大叔表示满意之后，才狼吞虎咽地吃了起来。人们施同情予可怜者，致钦佩于自尊者。

自尊是一个人本身的自我尊重，每个人都有自尊，同时也需要别人的尊重。教育家杜威说过：“尊重的欲望是人类天性最深刻的冲动。”

作为21世纪的青少年，应该明白一个道理：做任何事情之前，请记得维护自己的自尊。正是由于故事中的石油大王哈默用一种特殊的方式维护了自己的自尊，最终，他不仅仅是获得了当地人民的尊重，更重要的是，他维护了自己的自尊，并取得了最后的成功。

## § 把握自尊的弹性

日常生活和学习当中，我们所做的事情，都会涉及一个度的问题。那么，自尊就更是如此。比如说，我们在学习物理的时候，老师也都讲到了弹性：任何具有弹性的物体，都要有一个弹性区间，无论伸张或是压缩，都要在此区间之内，否则我们看到的只会是变形。

在心理学中，我们把自尊定义为一种精神需要，也就是人格的内核。维护自尊是人的本能和天性，当然这里也要有一个度，一个弹性的区间。青少年必须要明白：为人处世若毫无自尊，脸皮太厚，不行；反过来，自尊过盛，脸皮太薄，也不好。正确的原则是：从实际的需要出发，让自尊心保持一定的弹性。那么，我们应该从哪些方面来把握自尊的弹性呢？

第一点，就是要从思想上认清自尊的需要和交际的需要两者之间的关系。过于自尊的人，总是把自尊看得很重，因此，青少年更应把看问题的立足点变一下，不要光想着自己的面子，还要看到比这更重要的东西，比如学习、集体、友谊等。除此之外，还应坚持把实现实际的宗旨看得高于自尊，让自尊服从交际的需要。有了这种思想，对自尊就有了自控力，即使受到刺激，也不致脸红心跳，甚至可以不急不恼，哈哈一笑，照样与同学和睦相处，表现出办不成事决不罢休的姿态，直至交际的成功。

第二点，交际过程中要审时度势，准确地把握自尊的弹性，追求最佳效果。在以下几种情况下要特别注意：1. 当你受到冷遇时。有时候，你出现在交际场上，可能被当成不速之客，坐了冷板凳。你的自尊心面临着挑战，但千万别发作。这时你不妨多想一想你的使命、职责，为了完成任务，迅速加大自尊的承受力度。2. 当你被否定时。有时候你花了很大的心血做了一件自认为很不错的事情，满心希望他人肯定、赞赏，可没想到对方一棍子打过来，全盘否定。这时，你肯定会受到强烈的刺激，继而为了挽回面子，进行辩解、反驳，甚至是争吵。这就大错特错了。因为这样维护自尊、面子，只会使事情更糟，倒不如接受这个事实，效果可能更好一些。3. 当你受到批评时。有些人一听到批评，自尊心就承受不了，特别是当众挨批评更是难为情。此时，要对批评能够正确理解，应采取虚心的态度，这不但不会丢面子，反而会改变他人的看法，给对方留下一个好印象。有时，批评的内容不实，有些偏颇，而批评者又处在特别的地位，这时如果你受自尊心的驱使，当场反击，效果肯定不好。理智一些，不要当场反驳，事后再进行说明，这种处理较为有利。

青少年学会维护自己的自尊，就是一种尊重自己的表现。不论你是贫穷，还是富有；是成功，还是失败，都要有自己的自濂，要维护自己的自尊，如此才会受人尊敬，受人重视。此外，我们在维护自己的自尊的同时，也绝不能去损害他人的自尊，那样做于人于己都没有好处。

# 6 做一个自尊自信之人

一个人是否有成就只有看他是否具有自尊心和自信心两个条件。

——苏格拉底

众所周知，自信是一种信念，更是一种力量。事实上，自信也是建立在自尊之上的。自尊是快乐的，它是一种良好的、健康的心态。一个没有自尊的人，也难以让别人来尊重。正如孟子所说的：“人必自侮，然后人侮之。”

## § 做自尊自信的人

青少年在学会自我尊重的同时，也应当学会去尊重别人，使自己成为一个有修养的人。也就是说，当我们在面对别人的评论的时候，应该做到有则改之，无则加勉。如果面对别人的一点意见或建议，表现得斤斤计较，得理不让人，反而不会显出我们的自尊，只会让人认为我们情绪冲动。这种冲动的情绪是对我们自身有害的。当然，如果是面对别人的侮辱或者诽谤，我们则应该适当地予以回击，捍卫我们的自尊。

原一平就是一个自信的人，虽然他的个子比较矮小并且相貌平平。在他开始卖保险的头半年里，他没有卖出一份，可是他并没有因此失去自信，而是仍然微笑着面对生活。也正是他这种微笑，带领他走向了成功。正如他自己所说的：“走向成功的路有千万条，微笑和自信只是你走向成功的一种方式，但这又是不可或缺的方式。”所以说自信有助于成功。

我们要知道的是，金无足赤，人无完人。我们看到他人的缺点时，应该学会善意的提醒，懂得尊重他人，以免造成不必要的冲突。自尊的人能够全面地看自己，既看到自己的优点，又同时看到自己的缺点，并针对缺点予以改正。所以自尊的人往往会拥有自信。

自卑与自信是一对孪生子，这两者都以自我为中心。就像是课本里的一个比喻：自卑与自负就像是一根潮湿的火柴，它们永远也无法燃起成功的火焰。常人往往容易陷入自卑或自负这两个自信的误区，所以我们要学会超越自负，告别自卑。

正如李白诗里所说的，天生我材必有用，而自信的人恰恰能知道这点，所以经过总结，我们可以知道：一个自信的人未必一定会成功，但是一个自卑或者自负的人必定会失败！自信的人往往会发现自己的长处，从而发扬自己的长处。而自卑或者自负的人，不是发现不了自己的长处，就是骄傲自大，看不到自己的短处。

## § 自尊自信使人不断进取

自尊自信是开拓进取者不可缺少的积极的心理品质，也是做人的重要品格。它能成为人们前进的动力，使人成为强者。

自尊自信是人不断进取的阶梯，也是促使人奋发进取的心理因素，它能使人产生巨大的力量，这种催人向上的力量，既是一种强大的驱动力，又是一种强大的自我约束力。可以说，人的一生取得的任何一次成功，都是伴随着自尊自信取得的。

在中国有两位“创造生命奇迹”的女孩，叫王峥和周婷婷，一个失明，一个失聪。她们相遇并相知，之后，你成了我的眼睛，我成了你的耳朵，携手且成“海伦·凯勒号联合舰队”。除了生活和学习上互助，取得优异成绩外，视障者王峥拿起了照相机，拍出的照片受到了专家的好评，她要成为中国的盲人摄影家；而聋人周婷婷学乐器，练演讲，在电视台一连做了5个小时的直播节目，她要成为一位聋人演说家。

她们不相信命在命运，她们相信人类有无限突破的潜力，在困难和挫折面前，她们说：“我能行！”

她们咕出了自己心灵深处的声音：“不要因为自己是残疾人，就整天抱怨命运的不公；不要因为家境贫寒，就浇灭心中的希望之光；不要因为成绩差，就开始自暴自弃；不要因为你是大山里的孩子，信息闭塞，求学就让理想之舰抛锚；不要因为父母离异，家庭不幸，就从此背上沉重的思想负担；不要因为小小的失误而一蹶不振；不要因为……这些不幸、痛苦、困难、挫折、失败会使我们变得更加坚强，它们将成为我们前进的无限动力。”

这种精神是值得青少年为之学习的。自尊自信催人自强不息，使人不断进取。青少年只要能保持高度的自尊自信，就会严格要求自己努力上进，加强对自己的约束，努力提高自己各方面的素质和水平。

自尊自信的人有着强烈的荣辱观念，经常鞭策自己、磨砺自己，自觉培养做人的美德，使自己成为一个高尚的人。

## 轻轻地告诉你

在成长的道路上，遇到困难和挫折的时候，自尊自信的人能够奋发向上，自强不息，并且能够征服挫折和失败，在挫折与失败当中获得成功。而失去自尊的人，遇到困难和挫折的时候，往往会自暴自弃、自轻自贱。缺乏自信的人，在遇到困难和挫折时，首先想到的是自己不行，从而就会放弃努力奋斗。所以说，没有自尊自信的人，是不可能有所成就的。

## 7 生命的重量——尊严

每一个正直的人都应该维护自己的尊严。

——卢梭

对于每一个人来说，最重要的东西就是尊严。哪里有理性、智慧，哪里就有尊严。珍惜思想的人，必须珍惜自己的尊严。自尊是每个人必须有的，自尊也叫尊严。每一个正直的人都应该维护自己的尊严。人的、一切尊严在于思想，没有任何事物比人的存在更高，没有任何事情比人的存在更具有尊严。

### § 尊严无价

事实上，人的尊严可以用一句话来概括：即他的信念，尊严比金钱、地位、权势，甚至是比生命都更有价值。没有一个人不重视自己的尊严，也没有一个人愿意让别人对自己的尊严随意践踏。

尊严和自尊是每个人应维护的权利，假如有人不顾道德的谴责，随意对你的尊严进行践踏，随意诬陷，对你的人格进行诽谤，那么你就要奋起，来维护自己的尊严，因为这是你的权利，也是你应做的事情。尊严不容许任何人来破坏，这样的人才是自尊的，才是自重的。

有尊严才有力量。尊严的力量足以化腐朽为神奇，变耻辱为荣光。试观寰宇，多少人杰，就是这样高擎着尊严的旗帜，凭着尊严的力量，在逆境中奋起，在挫折中挺进，披荆斩棘，一路欢歌，而最终冲上了事业的巅峰。

赫瑟尔出生在一个贫苦的家庭，长大后以演奏双簧管为生。但不知从哪一天起，他对天文学产生了浓厚的兴趣。虽然生活异常的艰难，虽然为富人演奏常常受到欺负，但赫瑟尔却坚信研究天文学不是贵族们的专利，贫穷并不代表无能。

为了做出一块理想的镜片，赫瑟尔竟一口气磨了200块玻璃。功夫不负有心人，终于有一天，他用自己的双手制作出了一架天文望远镜。通过每天不懈地观察，赫瑟尔发现了乔治西特星的运转轨道和运动速度，以及土星的卫星环。这在当时的天文界引起了极大的反响，因为那些拥有最好的天文设备的天文学家们也没有他这样伟大的发现。

蒸汽机的发明者史蒂文森有8个兄弟姐妹，全家10口人就挤在一个窄小的房间里。由于常常挨饿，史蒂文森从小就不得不去给邻居放牛。利用放牛的空闲，他用黏土做各种面器模型，幻想着有一天能自己亲手制作出能带动很多车厢前进的大功率蒸汽机。虽然家境贫寒的史蒂文森没有上过一天学，但他就是靠不断的琢磨、实践和锲而不舍的努力，最终成为闻名于世的伟大发明家。

黑人道格拉斯童年的命运更为悲惨。因为他在出生之前就已经被卖掉了——因为他的父母是奴隶，那么他必然是奴隶了。道格拉斯没有学习的权力。奴隶主们害怕奴隶们懂得了知识和文化就会起来造他们的反，就不会再听从他们的摆布，因此坚决禁止奴隶们学习文化。童年的道格拉斯多么渴望学习知识啊！他冒着被毒打的危险，背着奴隶主悄悄地学习。他从废报纸、废药单、旧日历上学习文字，只要有工夫，他就会从“秘密”的地方翻出他的“文化书”——那些破旧的纸片，如饥似渴地学习起来。21岁时，道格拉斯逃出了农场，到纽约当了一名搬运工，并积极地参加到反奴隶制的运动中。就是这个没有上过学的奴隶的后代，靠着自己的努力，在纽约办起了报纸，后来又编杂志，最终成为哥伦比亚地区的联邦法官和美国的第一个黑人议员。

人是有人性的，人是有道德的，人还是有尊严的，因为人皆有自尊，人皆需自尊。自尊犹如一面旗帜，赫然凌驾于地位尊卑、家境贫富，能力大小、条件优劣等尘世俗念之上，在人类精神和灵魂的制高点高高飘扬。

纵观历史，我们可以发现，很多具有伟大成就的人，他们的童年时代、少年时代，甚至青年时代都是非常困苦的。但是，苦难使他们奋发，自尊使他们上进。从这些感人的故事当中，我们可以知道：出身并不决定命运，贫贱也绝对不会影响你成才。咀嚼苦难，我们学会了坚韧；历经坎坷，我们学会了勇敢。正如一位哲人所说：“在肥沃的土壤上盛开着美丽的花朵；而那些枝拂天堂的参天大树，却生长在岩缝之中！”这就是尊严的力量！

## § 生命的重量

曾有一位老师在课堂上向学生提问，发现班里一个学习最差的学生也跟其他孩子一样举起了左手。然而，当他站起来回答时却一个字也答不出来。下课后，老师把这个学生叫到办公室，问他为什么不懂也举手，学生哭着说：“别人都会，如果我不举手别人会笑话我。”老师于是告诉这个学生，下次提问如果会答就举左手，不会就高举右手。

以后，每看到这个学生举左手，老师都尽量给他机会让他答题，举右手时从不提问他。一段时间后，这个平素在班里学习最差的学生变开朗了，学习成绩也有了明显进步。老师还悄悄告诉班里其他几个学习处在中下游的学生：不会时请高举右手。结果，他发现整个班都变了。

正是由于这位老师给了学生的足够的尊严，他们的班级才发生了这么大的变化。这就是尊严的力量，也是生命的重量。自尊对于我们每一个人来说，都是同样重要的，也是不可缺少的。说到自尊，其中一个重要的因素就是愿意成长为一个健全的人，从自身经历中去总结教训。

针对自尊，著名的心理学家马斯洛总结出来的关于自尊的特征，就被学界称之为“第三种力量”。

第一个特征：有足够的现实感；

第二个特征：接受自我、他人和自然，包括人性；

第三个特征：自然，包括自发性、好奇心、和单纯，单纯是所有正常人在年幼时所具备的天真气质；

第四个特征：目标定向指专注心力去满足他人需要的能力；

第五个特征：独处指独立思考和依靠个人判断的习惯，其前提是能够专一；

第六个特征：自主性，即不受社会准则、物质条件和逆境影响的独立性，使自己保持内心的安详与平静；

第七个特征：亲密，是对他人完全的开放与信任；

第八个特征：高峰体验能力，不存在先入为主，乐于体验强烈的、非同寻常的经历，是一种超越自我、时间和空间的“投入状态”；

第九个特征：合作感包括对他人的接受、忍让和宽恕，对多数人富于博爱之心，对少数人予以特殊关注；

第十个特征：民主性格结构是一种对他人尊严的坚信，不在乎个体差异，看人重内心而轻外表。

尊重别人就是尊重自己。每一个人都要学会自尊、自重，并学会保护自己的尊严。

尊严在人的生命中占有最重要的分量，是生命的血液和基石。在尊严面前，一切都可以讨论，都可以商量，如果危及尊严了，就没有必要再坐下来了。人可贫穷地活着，但是绝对不能没有尊严地活着。

# 第二章

## 自我的认可——内心完善自尊人生

自尊，是生命的自我肯定、自我认可，是一个天生的人类的素质，就像你的眼睛嘴巴一样，与生俱来。

自尊是从内心对自我的一种认可和肯定。一个人建立在自尊上的自信，会得到一种更加稳定的“爽”，而不是自我的受外界影响的“爽”。这时候，你一点也不会担心自己会不会失去状态，因为你是不可能失去状态的，你的这个状态是建立在内部的核心信心上的，是不会受外界因素影响的。

一般来说，心理健康的人自尊感比较高，认为自己是一个有价值的人，并感到自己值得别人尊重，也较能够接受个人不足之处。形成自尊感的要素有安全感、归属感、成就感等，这些因素都与个体的外在环境有关。

# 1 相信自己，建立自尊

要让每个孩子都抬起头来走路。“抬起头来”意味着对自己、对未来、对所要做的事情充满信心。

——一位教育专家宣称

自尊，即自我感觉良好，对自我的一种肯定。从心理学上讲，自尊感是个体对自我形象的主观感觉，是从内心对自我的一种认可。一般来说，心理健康的人自尊感比较高，认为自己是一个有价值的人，并感到自己值得别人尊重，也较能够接受个人的不足之处。

当一个人的自尊感很强的时候，这个人一定很自信，无论做什么事情，都相信自己一定可以做好。“我能行”“我的目标一定能达到”“我会干得很好的”“小小的挫折对我来说不算什么”……在他的心里有诸多这样的潜台词。假如每一个青少年都有这样的心态，肯定能不断进步，成为德智体全面发展的好学生。

## § 保护自尊，培养自信

生活中，常常会出现这样的情景：当一个人缺乏自信心，缺乏上进勇气的时候，本来可能有十足的干劲，也只剩下五六分甚至更少了。长时间下去，就会很难振作起来，成为一个被自卑感笼罩着的人，甚至可能变得自暴自弃、破罐破摔。这种现象的发生，主要由内因和外因作用的结果。

从外因来说，主要受不良环境的影响，如一些贬抑性评价、缺少成功的机会；从内因上说，可能是自尊心受损、自信心下降，又缺乏自我调控的能力。因此，从一定意义上讲，任何人都有自尊和被人尊重的需要，青少年也不例外。而自尊、被人尊重，是产生自信心的第一心理动力。

有这样一个小男孩，从小父母双亡，跟着一个傻哥哥一起过。这个傻哥哥经常打他、骂他，不给他饭吃，有时候甚至还不让他上床睡觉。由于家庭环境的原因，他的学习成绩不好，班上很多同学都看不起他，他成了一个名副其实的后进生。

可是，自从换了一位班主任后，他的生活改变了。他的班主任了解了他的情况后，就经常到他家里帮他收拾屋子、做饭，让他穿上整洁的衣服。傻哥哥看到老师的做法，也慢慢转变了对他的态度。这个男孩学习有一点进步，教师就表扬、鼓励他，他的成绩越来越好。这个男孩在一篇日记里写道："我感觉在我的老师面前我是一个人，我的头上也有一颗太阳。"这事例多么引人深思！

绝大多数同学都没有那个男孩的境遇，但是，他是否该得到应有的尊重？特别是当他有缺点、有错误、学习成绩不好的时候，这份尊重不仅来自大家，更要来自内心。只有学会尊重自己，才能赢得别人的尊重，才能自信起来，勇敢地来面对生活。

保护自尊，培养自信，是每个青少年朋友都应该做到的。同学们应用全面的眼光来看待自己，用发展的眼光来看待自己，相信自己一定可以做到，这样才可以在内心树立强烈的自尊感，才更有自信。

## § 怎样来建立自己的自尊

爱默生说：相信自己的思想，相信你内心深处认为对你有用的东西，一定对一切人都适用——这就是天才。相信自己，来源于生命深处最真实的东西。尤其当一个人有了自己的理想后，“相信自己的思想”会准确地预见理想会在某一天成为现实。而这时候，想象理想的过程就是建立自尊。

很多同学都问道：怎样来建立自己的自尊呢？

首先，相信自己的实力。

要做到相信自己的实力，为自己而活，做自己的主人，这说起来容易，但做起来并非易如反掌。当你觉得做了一件简单事情的时候，可能你已经对这件事有了充分的了解与熟悉，但是，这对其他人而言，可能会是一件很难处理的事情。同样，对于一些你认为很难处理的事情，你可能因为某些因素对自己产生不信任，对这件事无法给予解决。这时候对你而言，这件事就是难事。

在遇到一些困难或挫折的时候，一定要相信自己的能力可以把它做好，不要常否决自己。相信自己，这是建立自尊的第一步。

其次，展现良好的态度。

自尊是一种良好的心理状态。青少年在努力去完成一件事的时候，一定要用积极的态度来对待。积极的心态是能够助你们走向成功大门的钥匙。

一个消极被动的人总是在等待命运安排或贵人相助。对一件事情，他们总认为是事情找上他们，而自己无法主导或推动事情的进展；一个积极主动的人对自己总是有一份责任感，认为命运操纵在自己的手里，自己可以主导事情的发生和发展。可见，不同的心态决定着我们不同的人生。

最后，改善你的人际关系。

我们知道，许多孤单的感觉来源于自尊心的缺乏。在大家平时的生活中，沟通是最为重要的一门人生课程。当一个人拥有了良好的人际关系，就会把自信常挂在脸上，内心的自尊感自然会油然而生。

你可以将自己的所有优点写下来，贴在镜子前面，然后在每一天结束以前，挑出我们觉得自己最值得骄傲的是那一项，自我陶醉一番。通过这样反复的练习，一段时间之后，再回过头看那一线清单的时候，大家会恍然发现：原来自己是这么的完美。肯定自我，相信自我，建立自尊，就从现在开始。

## 2 在宽容中学会自尊

学生的自尊就像清晨树叶上的一滴露珠，稍不小心就会打落下来，而无法还原。

——一位教育家说

一项心理学研究表明，中学时期的青少年自尊心特别强，心理比较脆弱，尤其在大众场合受到别人的批评，心理上往往更难以接受。这说明了一个问题：处于这个时期的青少年，在宽容中学会自尊是很重要的事情。

宽容与自尊相伴，犹如日月凌空，不可或缺。它是自尊的人的一种品质。严于律己，宽以待人是迈向成功的第一个阶梯。人非圣贤，孰能无过。宽容了别人的缺点和错误，维护了他人的自尊心，在尊重别人的同时也尊重自己，予人玫瑰，手有余香。

## § 以宽容唤起自尊

古往今来，生活中胸怀宽广的人不在少数。宽容是荆棘丛中长出来的一抹最高雅的淡红，你对别人宽容一点，其实就是给自己留下一片海阔天空。青少年时期，大家的自尊心较强、心理承受力较弱，在遇到一些不愉快事情的时候，要学会用宽容来唤起自己或别人的自尊。

自尊是一个人生存的支柱，是一个人灵魂中不可或缺的东西。只有懂得自尊的人，才会得到他人的尊重。正如苏联作家别林斯基说的那样：“自尊心是一个人灵魂中的伟大的杠杆。”可见自尊对青少年是何等重要！

高考临近，某中学需要借用考场，学生不得不放假5天。考虑到假期较长，各科老师在放假前各给同学们发了一份卷子，要求学生在家认真完成。返校后第一节课是数学课，王老师开始检查试卷，个个过目，课堂气氛紧张起来。有的学生没带试卷，有的学生没有全部完成，有的学生还是空白。当王老师检查到李红的时候，发现了问题：这份试卷是上个班张燕的，冒充来了。是当众点破，还是先弄清情况？王老师最后选择了第二种方案，平静地问道：“这份试卷是你的吗？”李红怯怯地回答：“是的。”

第二天上午课间操，李红来到王老师的办公室，她先问了几道难度较大的数学题，然后胆怯地拿出一份数学试卷，轻轻地说；“王老师，这才是我的试卷，已经做好了。”说话时脸涨得通红，慢慢低下了头。王老师这时立即打破尴尬的局面，亲切地说：“昨天你犯了一个错误，今天又主动来承认错误，两者互相抵制，知错改错，你仍然是一名好学生。其实，昨天我在课堂上就看出了破绽，因为我的记性较好，班里每个学生的字我都能认得出来，我在等待你来找我啊！”气氛一下子缓和了许多，接着李红说了她未完成作业的担心和昨晚的思考，渐渐地她的脸上露出了微笑。最后，她高高兴兴地回教室去了。

我们试想一下：如果那天王老师当众揭穿李红，她会无地自容，不仅自尊心要受到极大的伤害，而且以后难以面对全班的同学。李红就有可能因此而毁掉。而王老师的宽容让李红不仅找回了自尊，还鼓足勇气承认了错误。

但是，无原则的宽容则是可不取的。宽容是有限度的。宽容也要讲究方式，宽容不等于纵容，宽容不能放弃尊严。如果不闻不问，放任自流，这样的宽容就会变了味，成为错误的帮凶。

## § 宽容是人格的升华

对于青少年来说，宽容是一门必须学习的课程。青少年之间的友谊交往，本是很单纯、美丽的，它凝聚着彼此的思想、情感。但在其中难免会出现冲突、摩擦，往往就是一些鸡毛蒜皮的事，断送了一段美好的回忆、一次纯洁的友谊。其实，这些不愉快的结果，只是青少年不懂得宽容别人、谅解别人。待人处世，如果没有宽容，就没有友情，没有了宽容就失去了善。宽容是一种美德、一种修养，也是衡量一个人层次高低的标准。能够给别人一个改过自新的机会，同时也让自己少了一些烦恼。学会了宽容，人世间便会多了几分温暖。

《荀子·非相》中说：君子贤而能容罢，知而能容愚，博而能容浅，粹而能容杂。这是在告诉人们：君子贤能而能容纳无能的人，聪明而能容纳愚昧的人，知识渊博而能容纳孤陋寡闻的人，道德纯洁而能容纳品行驳杂的人。宽容往往是成大事者的必备品质。

法国作家雨果曾经说过："世界上最广阔的是海洋，比海洋更广阔的是天空，比天空更广阔的是人的胸怀。"人的心就像一个有无限空间的盒子，只要你愿意，没有什么装不下。人生苦短，又何必把时间浪费在无谓的纷争上呢？与其让别人痛苦让自己烦恼，为什么不让自己活得更潇洒一些呢？多一些宽容，便少一些烦恼。

然而，血气方刚的青少年，往往爱意气用事，同学之间不经意间的一句话或是一个动作，都能让他们在心里"怀恨"几天。不懂得宽容他人，对以后的成长是十分不利的，要明白，不会宽容别人的人，同时也是一个不配受到别人宽容的人。因此，青少年朋友应该放宽自己的胸怀，宽容别人的过错。宽容不仅嘉惠了别人，还提升了自己，何乐而不为呢？

能够对同学宽容，实际上也是为自己铺平一条道路，也许同学一句不经意的话触痛了你的心，但是你要相信他绝对不是故意的，能够宽容他也会让他对你心存感激，多了一个关系要好的同学，自己的路当然就更好走一些。所以，在和同学相处的过程中，一定要学会互相谦让和包容，互相理解和支持，这样才能形成一个和谐的集体环境，同时也营造一个良好的学习环境。宽容能够带来这么多的好处，难道你还有理由拒绝吗？

# 3 肯定自己，赢得自尊

假如你认为能够，你便能够；假如你认为不能够；你便不能够。

——戴维斯

自尊，其实就是自我价值的肯定和认可。作为青少年，如果你能够真正地做到认可自己，并肯定自己，那么你就已经拥有了自尊。凭着这一股关于自尊的信心，你会到达生命中最美的高峰。

## § 肯定自我的价值

作为青少年，你必须要学会自我肯定。因为寸有所长，尺有所短，只有学会自我肯定，才能“自信、自尊、自在、自省、自勉、自主”。学会自我肯定，不是要你去盲目自恋、自大，而是要你学会从因果的事实和因缘的现象来认识自我到底是什么。

一个叫黄美廉的女子，自小就患上脑性麻痹症。此病状十分惊人，因肢体失去平衡感，手足便时常乱动，眯着眼，仰着头，张着嘴巴，口里念叨着模糊不清的词语，模样十分怪异。这样的人其实已失去了语言表达能力，不亚于哑巴。

但黄美廉硬是靠她顽强的意志和毅力，考上了美国著名的加州大学，并获得了艺术博士学位。她靠手中的画笔，还有很好的听力，来抒发自己的情感。

在一次讲演会上，一个不懂世故的学生竟然这样提问：“黄博士，你从小就长成这个样子，请问你怎么看你自己？”在场的人都在责怪这个学生不敬，但黄美廉却十分坦然地在黑板上写下了这么几行字：“一、我好可爱；二、我的腿很长很美；三、爸爸妈妈那么爱我；四、我会画画，我会写稿；五、我有一只可爱的猫；六……”最后，她以这么一句话做结论：“我只看我所有的，不看我所没有的！”

从这则故事当中，我们得到的感叹就是：不愧是黄博士！她以自己的实践道出了走好人生路的真谛：要肯定自己。肯定自己就是尽力发挥自己的优势，多看多想自己好的一面，以此增强信心、充满活力。

实际上，人或因为先天或因后天而造成的外表缺陷，这都是自己无法自我选择的，但内心状态、精神意志却完全是靠自身力量的抉择。在当今纷繁的世界上尤应肯定自己，任何悲观情绪都不利于走好你的路。

作为青少年，要想获得生命的最高嘉奖，自我肯定就是你要想获得成功的最好捷径。当你遇到困难时，不妨出去走一走，做一点别的事情。也许在做别的事情的过程中，困惑你的难题就迎刃而解了。

马尔科姆·福布斯曾说：“运动中的汽车用发电机源源不断地为电池供电。”把车停在车库里，电池不可能充电，除非是辆高尔夫车。福布斯相信很重要的一点就是：“除非你真的逝去，否则永不言死。”他以自己的生命诠释了这一点。

## § 学会自我肯定

如果你总是否定自我的价值，那么，你必然会觉得学习只不过是一场无聊又无奈的噩梦和游戏而已。否则，为什么有些人在遇到无法跨越的障碍、不能解决的困难、无从挽回的挫折时，便会慨叹为何要生存在这个世界上？为何要担惊冒险，受苦受难？为何要忙忙碌碌，顾虑重重？否则，为什么有些人在遇到挫折和困惑时，便会慨叹在人世间过眼云烟到底是为了谁？

俗语说得好："种瓜得瓜，种豆得豆""一分耕耘，一分收获"。事实上，有瓜有豆，必定由于种瓜种豆。同时也必须明白，种瓜未必得瓜，种豆也未必得豆；但是若不去种，若不去耕耘，则肯定你是什么都得不到的。

不要埋怨自己的条件不好，更不要埋怨这个世界不公平。正如奥格·曼狄诺在《幸福之路》一书所指出的那样："要明白这世界上原本就没有平等可言。"为什么有些花一出生就枝繁叶茂，有些毕其终生也瘦小枯黄，原因就在于它们所处的位置不一样。枝繁叶茂的花的下面必定是肥沃的土地，而瘦小枯黄的花必定是来自岩石或赤贫的土壤。下面，我们来总结一些自我肯定的几种信条，它或许能够帮助你学会自我肯定，并让你有所成就。

第一，我是一个善良、有用、令人尊敬的人。

第二，我完全有能力达到今天确立的目标。

第三，我控制自己的思想、情绪和行动，并且指导它们帮助我改善身体素质、关系、工作以及生活。

第四，我相信自己承担风险的能力和判断力，这是对自己极限的挑战，我愿意接受此后的结果，以及因这个决定而获得的回报。

第五，我将为实现自己的价值而生活。

第六，从难题和挫折中学习，从中我能够抓住进步和成长的机会。

第七，我的精神、思想和身体是一支强有力的团队，它们能够使我不断超越自我。

第八，我是自己最好的朋友和教练。对自己说的，总是鼓励、支持和尊敬的话语。

第九，每天我都尽量让自己变得更有学识、更明白事理、更有好奇心、更有同情心、更有适应力、更加成功并且更有控制力。

第十，不管生命中会发生什么，我决心让自己快乐。少睡就是多活，时间比金子还贵。

对照上述信条，积极付诸实践，那么，世界上没有你做不成的事。切记："过去的已经过去了，就像一碗水洒出去以后，你再也找不到它的影子。"你无法挽救昨天的失败，你无法挽留时间的流逝，你无法挽起失意的胳膊。但是，你可以为昨天的失败画上一个句号，可以为时间的流失贴上一个标签，可以为失意的胳膊注射一支免疫蛋白，可以满腔热情地投入到此时此刻，可以为你梦想中的明天和人生的另一半岁月流汗挥泪。

在自我肯定的过程中，你觉得自己所从事的活动就是在向人类示爱。当你把爱捐赠给他人的时候，他人总会回报你更多的爱。你处在爱的氛围里，你和你求助的人一样共同分享快乐的爱心。当音乐奏起的时候，蝴蝶也将落在你的肩头。因为，连你的肩头也堆满了甜甜的爱。

**轻轻地告诉你**

青少年必须要学会认识自己并肯定自己！唯有能够学会自我肯定的人，才能有自信、自力提升生命高度的基石，才能有自发、自为到达理想彼岸的本领！

# 4 战胜自我，不要等待

所有的胜利第一条件，是要战胜自己。

——西兰帕

战胜自己，是成功者不可少的一个品质。我们从一出生起，就被限制在一个很局限的环境中，每个人对这个世界、社会、自身的认识都是局限的，都是片面的。个人的渺小相对于庞大的世界来说就是坐井观天。如何在有限的生命时间里，看到更多精彩的世界，突破限制自身的客观条件的牢笼？那就是要打破"围墙"，跳出圈子，战胜自己。

## § 人生中最大的敌人是自己

在成功的旅途中，我们时时地会遇到许多困难与各方面精神压力，而且还时时受到自身的挑战。其实，在成功的道路上，自身是阻挡我们成功的最大"敌人"，需要靠我们自己去对付。因此，我们要敢于做自己的对手，战胜自己。

拿破仑在全盛时期几乎统治半个地球，战败后被囚禁在一座小岛上，相当烦闷痛苦，难以排遣，而他却说："我可以战胜无数的敌人，却无法战胜自己的心。"能战胜自己的心，才是最懂得战争的上等战将。要战胜自己很不简单，一般人得意时会忘形，失意时会自暴自弃；人家看得起时觉得自己很成功，落魄时觉得没有人比他更倒霉。

唯有不受成败得失的左右、不受生死存亡等有形无形的情况所影响，纵然身不自在，却能保持心地自在，才算是真正地战胜自己。

人生如战场，勇者胜而懦者败。在面对困难时，最难把握也最难取胜的是战胜自己。战胜自己想起来容易，做起来异常艰难，为什么有的人一而再，再而三地想戒烟，但就是戒不了？为什么有的人想勤奋学习，但学了几天就坚持不了了？这都是战胜不了自己的缘故。

有位成功人士曾这样说："要战胜自己，首要的就是要在心理上做自己的对手。"所以，这就要求青少年做什么事情都要有信心，要自信地从挫折中走出来。只有拥有了必胜的信心，才会有成功的可能。对任何一个人而言，信心是开启成功的钥匙。每一个人都想获得一些最美好的事物，但是最终成功的人却很少，就是因为我们大多数人都缺乏必胜的信心与勇气。

要战胜自己的，应该对自己原有的成功提出新的挑战，不要躺在成功的温床上。超越别人并不重要，超越自己已有的能力才是最重要的。我们应该时时以自己为对手，战胜自己，直面自己。这就要求：今天的我们要超越昨天我们所做的一切行为。我们要尽最大的能力去爬今天的高山。明天我们要爬得比今天更高，后天爬比前一天还要高的山。我们要时时为自己创立一定的危机或挫折情境，这样才能使自己强大起来，永远立于不败之地。

## 轻轻地告诉你

要挑战自己就要敢于正视自己，作为一个智者是不会回避自己的弱点的，只有懦夫才畏首畏尾，推搪塞责。如果你想取得成功，你就要学习做一个智者，学习做一个明白事理的人。只有这样做，在我们的一辈子当中才会与成功有缘，否则，最终只会使我们悔恨交加，因此而遗憾终生的。一件事，如果自己不去尝试做做看，永远都不知道自己的底线在哪里，只有突破，你才会真正地认识你自己，你才会更加了解自己，你才会知道自己的潜力到底有多大。

## 5 自尊者人尊，自弃者人弃

自尊者人尊，自弃者人弃。

——题记

自弃，简单地说就是自我放弃，不求上进、得过且过、不思进取、懒惰成性的心理表现，它与自强是相对立的。通常自弃的人不知上进，没有理想与追求，不愿吃苦、不想奋斗、懒惰成性，而此类人最终只能是一事无成。

青少年时期是青少年学习知识、涵养道德、增长才干、发现自己的最佳时期。正所谓“少壮不努力，老大徒伤悲”，应当趁此大好时光，培养自身的品格，努力学习，奋发进取才是。然而，有很多青少年会产生自暴自弃的想法，他们总是觉得要学的东西太多，自己是个“笨孩子”，即使再努力也学不好，就算自己再怎么表现，别人也不喜欢自己。

为此，广大的青少年朋友一定要认识到自弃的危害性，从各个角度认识自强精神的重要意义，战胜自弃才是青少年应有的表现。

## § 战胜自弃，刷新自我

很多青少年之所以产生自弃心理，受着多方面因素的影响，如社会、家庭等不同因素。青少年富有理想、向往真理、积极向上，但也容易在客观现实与想象不符时遭受挫折打击，以致消极颓废，萎靡不振，强烈的自尊也会转化为自卑自弃。

王朝在上初二时，他那充满爱与欢笑的家庭突然破碎了。父母因为感情不和而离异，从此以后他与妈妈一起过，曾经的拥有使他觉得现在的自己一无所有。失去爱的心理掺杂着丝丝的恨，犹如一团拨不开的迷雾，笼罩着他那脆弱的心。为什么爸爸离我而去？他不爱我了吗？为什么我和妈妈要搬离曾经那个温暖的家？他们为什么这么残忍？

由于生活的改变，给他幼小的心灵以沉重的打击，使他整天觉得自己很可怜、很孤独。对于眼前的一切他不习惯，以前的朋友和属于自己的一切都不存在了，在陌生的环境里他显得那样的无助。

最初，王朝沉闷不乐、情绪也不稳定。后来因为心理上的打击，他越来越恨爸爸和妈妈，开始强烈的反抗，不管什么事情都和妈妈作对，与妈妈争吵，经常逃学而遭老师的批评，他成了一个典型的“问题少年”。老师们不管他，同学们讨厌他，他自己也抱着破罐破摔的心理。不管别人怎么说他也不听，他觉得自己就是一个“坏孩子”，是一个没人理睬、没人要的孩子，他不相信自己，不相信任何人，他自暴自弃，把自己关在那片只属于自己的“牢笼”里。

王朝由家庭的原因变得自暴自弃，把自己一直关在自弃的牢笼里，不能自拔。其实，像他这样的例子在社会上屡屡出现。心理学家曾做过一项调查，发现由环境而产生的自弃心理，主要包括家庭环境、学校环境和社会环境。正如王朝所产生的自弃心理行为，就是由家庭问题而导致的。王朝的表现不仅是一种自暴自弃的行为，也是一种糟蹋自己，对自己不负责任的表现。

青少年朋友应该学会战胜自弃，不断地来刷新自我，不管是什么原因造成的自弃，都要学会换个角度来考虑事情，而不应该一味地沉浸在里面，要树立起自己的自信心，找到自己明确的生活方向。

## § 学会正确对待自己

生活中，每个青少年都要学会正确对待自己，而不要一味地自我放弃，直至自己有一天迷失了自我，找不到了生活的方向。造成自我放弃的原因有很多，有很多青少年不知道怎么去对待，以致造成自暴自弃的结果。学会正确对待自己，最重要的就是要从自我做起，自信、自尊自爱、自强，这些都是青少年朋友应该拥有的。

17岁的依依就读于某校高二，他们班共有60个学生，而她是个极其普通的女孩。依依皮肤略黑、容貌普通，成绩也很一般。读小学时，她并未在意自己的长相，但是随着年龄的增长，她不能不在意了，眼看着身边的女同学出落得亭亭玉立、皮肤白净，她就开始为自己的外貌深感痛苦。特别是班里几个淘气的男同学，常常戏称她为“黑妹儿”。她听在耳里伤在心上，觉得自己就是一只“丑小鸭”，没入喜欢她，经常处于一种“被抛弃”阴影中。在这种情绪的笼罩下，她整日郁郁寡欢，怪父母没有给自己一个美丽的面容。如此心境使她的学习成绩逐渐下滑。于是，她整天愁眉苦脸，觉得自己是个学习成绩差、容貌不如人的孩子，觉得自己没救了，不想参加考试也不想再上学了。父母发现依依的异常之后，便常常开导她，可终不见效果。

依依因为相貌而变得郁郁寡欢，这种现象在青少年中也是很常见的。随着年龄的不断增长，青少年们总会特别在意别人对自己外貌的评价。有“丑小鸭”心理的青少年在与朋友交往时，往往容易产生一种自卑、自厌的心理，他们怕别人嘲笑而不愿与人交往，他们常常把自己封闭起来，久而久之，便会产生一种自弃心理。

爱美之心人皆有之，但美与丑是不能由自己决定的。所以青少年要坦然正视自己的容貌，不必太敏感，也不必去隐藏，不如大大方方地与人交往。人应该自尊自爱，多发现自己的优点和长处，要学着通过发挥自己内在品行的优势来弥补外在容貌上的不足。

**轻轻地告诉你**

“自救者天救，自助者天助，自弃者天弃”，也许每个人都不愿放弃自己，然而，自弃的心理还是那么容易产生，尤其是青少年更容易产生这种心理倾向。要战胜自弃的心理，就必须鼓起勇气站起来勇敢地生活。

## 6 挑战自我，赢得自尊

生活中，无论遇到什么样的事情，都要勇于挑战自我，赢得自尊，这样的人生才更有意义，更有价值。

——题记

成功的过程是一个挑战的过程，挑战的不是别人，而是自己。如果可以做到挑战自己，那么在成功的道路上，还有什么可以使人退缩、惧怕呢？一个人若要成功，挑战自我是很重要的，只有敢于向自己挑战才能战胜一切。如果你没有做好挑战自己的准备，那你未来的人生路就不会那么美好。面对人生路上的重重荆棘，你做好挑战自己的准备了吗？

## § 敢于正视自己

生活不可能总是完美的，命运对每个人来说也未必是公平的。青少年无论在自己的生活中遇到了什么样的困难与挫折，都应该勇敢去面对。人必须面对生活带给我们的苦难，也必须正视自己的不足。

富兰克林·罗斯福曾担任过7年海军部长助理，不幸的是因为感染脊髓灰质炎而导致下肢瘫痪，只能每天坐在轮椅上，行动十分不方便。面对这一切，他决心要战胜自己，每天晚上他都偷偷地练习运动。他的母亲发现他因为练习而使身上伤痕累累时曾多次阻止，还对他说："这样让人看见多难看啊！"罗斯福说："我必须面对现实，面对自己的耻辱，我不需要掩盖我的丑态。"之后，罗斯福凭借着这种勇气，竞选成为美国第32届总统，他不仅把美国从经济大萧条中解救出来，还在第二次世界大战中为反法西斯战争做出了巨大贡献。

罗斯福因为能够正视自己的不足，他打破了美国总统连任不得超过两届的惯例，成了连任四届的美国总统。

面对不幸、耻辱要敢于正视，生命是宝贵的，没有理由自暴自弃，更没有理由妄自菲薄。跌倒了，爬起来；失败了，重新燃起希望的火苗，继续奋斗，只有这样的人生才是完美的人生、成功的人生。

张海迪正视自己的不幸，身患高位截瘫，只能躺在病床上靠镜子反射来看书。她敢于正视自己的不足，成功地学会了四国外语，还翻译了16本海外著作。

老子曾说过："知人者明，自知者胜。"人只有正确地认识自己才能胜利。正视自己的成功与失败才能生出万般的力量，勇敢地面对生活中出现的不幸，随时准备挑战那些阻碍自己前进的困难，成功才会与你相伴。

青少年一定要明白，挑战自己首先要正视自己，能够正视自己这个最大的敌人，你就拥有了成就一切的力量，一旦你有了这种力量，你就拥有了成功。成功不是条件也不是方法，而是一种信念、一种想法，成功不是属于有才华的人，而是属于主动参与的人，只要你相信自己，奇迹就一定会出现。正视自己做一个自信的人，你就能成功。

## § 挑战自己才能成功

人的一生不断地面对挑战，最大的挑战者就是自己，敢于挑战自己的人才能成功。人生中总会经历或多或少的坎坷与挫折，在走过这些风风雨雨后，相信在心灵的原野上一定会开满顿悟的花朵。每次经历其实就是对自己的一次挑战，成功是靠自己创造而来的，每个人都具备成功的能力。所以想要成功，就得向自己挑战。

虽然人不是十全十美的，每个人都有不同程度的缺陷，这些缺陷从某种意义上来说却是成功的动力。人有了动力，才有战胜挫折的可能，有价值的人生就是直面这些缺陷，进而奋发向上，努力拼搏。那些在生活中遇到的困难与挫折，可以让我们清楚地看到自己力量的不足和智慧的匮乏，所以，我们就要在成功的过程中，不断地向自己挑战，只有战胜了自己才有可能成就一切。

一个人要挑战自己，需要的并不是投机取巧，也不是小聪明，而是战胜自己的信心，一旦有了这种信心，就会产生意志的力量。成功与失败最大的不同就在于意志力量的差异，人一旦有了这种意志力量，就能战胜人性中的各种弱点。当你懦弱、畏惧的时候需要勇气来战胜自己，当你懒惰的时候需要勤奋来战胜自己，当你骄傲、自满的时候需要谦虚来战胜自己，当你浮躁的时候需要宁静来战胜自己。当你有了意志的力量，你就具备了敢于挑战自己的素质，任何成功都皆有可能。

作为当代青少年，更应该敢于挑战自己，只有敢于挑战自己的人才能成功。在挑战自己的过程中，激发自己的智慧与力量，从而使自己慢慢学会在克制与忍耐中的取胜之道。铸造自己无坚不摧的意志，成功就离你不远了。否则你只会被那些懦弱、畏惧、逃避打败，永远不可能成就自己，永远不可能成功。

作为青少年，一定要勇敢地挑战自己，随时准备挑战那些阻碍你前进的一切困难，你的人生会因此而丰富卓越，世界也会跟随着你的步伐向前迈进。只有敢于挑战自己的人才能成功，只有敢于挑战自己的人生才是有价值的，只有敢于挑战自己的人生才是多姿多彩的。

## 7 自卑培育了自尊的花蕾

自卑培育了自尊的花蕾，是一种美。

——题记

世界上没有什么是十全十美的，通常人们所说的完美也只是相对而言的，人们常常说的“完美人生”其实并不完美，正因为这种不完美才

会使人有情感，正因为这种不完美才会使人不断前进。在弥补缺陷的过程中，当我们收获到意想不到的成果时，这何尝不是一种美呢！事实上，每个人生活在这个世界上都不可能避免缺陷，只要你能坦然面对缺陷，它就是美好的。也有人说："不完美的人生才是最完美、最充实的人生。"只有这样才会利用自己的不完美把自己改造得更完美。如果你自认为你的人生是完美的，那你的人生也将会是没有意义的一生，因为你已经完美了，对其他的所有都无所谓了。可见，缺陷的确是一种美，即使不美也会变得更加完美。

## § 缺陷也是一种美

心理学家指出："一个先天的缺陷，往往会造就他后天在某一方面的成就。因此，这样的缺陷，被称为'高贵的缺陷'。"也许你会说那些都是名人们，像我们普通人有多少有那样的幸运呢？其实并不是这样，同样生活在同一片蓝天下，每个人都有掌握自己命运的舵手，即使你有再大的缺陷，也有可能扭转你的命运。

断臂的维纳斯刚被发现的时候，就轰动了世界。人们不仅为她的美所倾倒，更是因为她那失去的双臂而惋惜，同时也表示了无限的同情。

有一天，所有的雕塑家都收到了一封信，说如果谁能给维纳斯镶上最完美的手臂，那谁就能成为全世界上最伟大的雕塑家。得知这一消息后．每一个雕塑家都冥思苦想，力求最完美，直到截稿那天，研究所收到了很多很多的作品：其中有的手捧着鲜花，有的手握着利剑，有的手托着白鸽，也有双手交叉放在胸前的……但这些方案都没有被采用，因为这些都是不现实的，因为人们已经习惯了断臂的维纳斯。最终，维纳斯仍然是没有手臂的。试想，如果当时维纳斯被镶上了手臂，那么后来的人就不会再被她特殊的美所吸引，更不可能会为她的缺陷而表示同情，也不会对她有着幻想，不会……

维纳斯最终还是维纳斯，她就是那个有着缺陷的美人！尽管她是有缺陷的，但她是美的，因为世界上没有什么是十全十美的。任何事物、任何人都有着自己的长处，也有着自己的短处。

是的，残缺也是一种美。生活中人人都在追求完美，但绝大多数人却忽略了残缺的美，忽略了真实的美，殊不知，这种残缺的美才是真正意义上的一种美。

在美国有这样一位著名的主持人，他的右手只有四个手指。之前，他曾找过许多工作，但都被拒之门外。直到他有机会做一次实验性主持时，他摘掉了那副仿手套，把自己真实的形象展现在广大观众的面前。意想不到的是，他的举动赢得了观众的赞赏，这不仅没有阻碍他成功，反而与他的魅力联系在了一起，变成了他独特优势的一部分。在很多人看来，最不完美的应该就是生理上的缺陷了，就像以上故事中所说的手与臂，但这既然无回挽回，为何又要去掩盖这种真实的美呢？事实上，生活中，只有真实才是最美的。

## § 如何看待缺陷

人人都知道世界上没有十全十美的事物，这样那样的缺陷无处不在。人们常说的祝愿“万事如意、事事顺心”其实只是人们内心美好的一种祝愿，人生之事不如意事有八九，这些都是客观事实。如面对生活中的失败，有的人，是恐惧的，是灰心丧气的，对生活也失去了信心与希望，而另一些人则可以从缺陷中发现自己别样的美。

有一个农夫每天要走一条很长的路去挑水，但由于过于贫困，他的两只桶只有一只桶是好的，而另一只则是漏水的。这只漏水的桶觉得很对不起主人，很希望把自己换掉，因为每次主人把自己挑回来时，里面的水只剩下一半。

一次，在农夫挑水回来的路上，看着他每天走的路对这只桶说："你看到这条路的两旁了吗？一边是光秃秃的，另一边却长满了花草，还有飞来飞去的蝴蝶、蜜蜂。这些都是你的功劳，如果没有你，就不会有这些漂亮的花草。虽然每次回去你只能装一半水，但你却为大家创造了一个更美好的世界。"

青少年朋友你发现了吗？残缺又何尝不是一件好事！它其实也是一种美，一种让人深感个性化的美。它就像一个圆，如果把它无意分成两半，再使他们各自去寻找自己的另一半，当它们找到彼此即使重新组合在一起，也无法恢复原本的样子了。如果你把镜子摔碎了，即使把它们重新组合在一起，也不会有原来的效果了。但如果两个半圆或是两个不同形状的镜子则可以给人们一种新的启示，使人们发现更加美好的其他事物。

生活中的失败也并不可怕，因为失败过后，可以使自己积累更多的经验，为下次的胜利奠定基础。所以，我们应该学会欣赏缺陷美，正如汪国真在《失败》中这样写道："不必怕一败再败，只要最后赢了；不必喜一胜再胜，如果最后输了。不怕失败，只怕失败后再也站不起来。""鸟美在羽毛，人美在心灵。"的确，其他的不完美事实上都称不上不完美，只有心灵不完美才是真正的不完美。因此，没有必要为了所谓的不完美而气馁，只要我们坦然一些，即使缺陷也是美丽的。

## 轻轻地告诉你

每个人都有这样或那样的缺陷，很多时候一种缺陷会激励你发挥出更大的业绩，把你推向成功的顶端。所以不要因为自己的一些不足而悲观失望，也不要因为自己的缺陷而郁郁寡欢。青少年朋友要用一种平和的心态去审视自己的不足，去欣赏自己的不足，相信“缺陷不是负担，缺陷也是一种美”。在某一特定的事情上你也许会发现，你所谓的“缺陷”并不是缺陷，而是一般人都不能做到的，恰恰只有你可以成功，可以办到，这又何尝不是另一种成功，另一种美呢！

# 第二章

## 青春的绽放——培养自己的自尊心

自尊心重在培养，拥有自尊心，让青春轻轻的绽放出动人的光彩。

自尊心就是自己内心对自己所珍爱的一面；自尊心就是人体因自身的价值，在群体中的地位而肯定自己、接纳自己的体验；自尊心就是同个体的自我认识、自我评价能力直接相关的。

作为21世纪的青少年，你需要从现在开始培养自己的自尊心，因为自尊心是你前进的动力，它与自信心、进取心、社会责任感以及集体荣誉感等紧密联系，共同构成人的积极的心理品质。

# 1 正确培养自己的自尊心

一个人是否有成就只有看他是否具有自尊心和自信心两个条件。

——苏格拉底

自尊心并不是天生的，而是在学习、生活与工作中逐渐培养起来的。影响青少年自尊的因素很多，譬如：家庭环境、学校教育、社会影响及其个人修养等，在这些因素中，个人因素是最重要的。

## § 自尊的重要性

自尊不仅是开拓进取者不可或缺的心理品质，还是做人的重要品格。它能够成为人们不断前进的动力，使人们成为强者。

1. 自尊使人不断进取

维克多·格格尼亚不仅是法国的一个化学家，还是一个可敬的人。他的可敬之处并不在于他曾获得诺贝尔奖的光荣，而在于他从羞辱中的奋起。

这个出生在法国瑟儿城堡的化学家，原本竟然只是一个近乎荒淫无耻的浪荡公子。在一次上流社会的午宴中，他发现一个不曾露面的美人，便想当然地邀请其做自己的舞伴。令他想象不到的是，他遭到了对方的拒绝。当格林尼亚得知她是一位来自巴黎的女伯爵时，便连忙上前道歉，女伯爵竟然更加傲慢、更加冷漠地说道：“请离我远一些，我最

讨厌的就是你这样的花花公子挡住我的视线！”

刹那间，格林尼亚仿佛像受到了极大侮辱，但是他并没有爆发愤怒，而是从羞辱中奋发图强，自此一改浪子的生活。由小学到大学，由发明格氏试剂而取得丰厚成果，最终出任里昂大学教授并获得诺贝尔奖。

自尊是一种无形的动力，不仅使人充分发挥自己的潜力，还使人产生巨大的力量；不仅使人不断进取，还伴随人们成功成才。

2. 自尊催人自强不息

著名数学家华罗庚，在青年时期因病导致伤残，历经坎坷，几乎陷入绝境。在中学毕业后，华罗庚由于交不起学费被迫辍学而回到家乡，一边帮父亲干活，一边继续顽强地读书自学。不久，他又身染伤寒，病势垂危，在床上躺了半年，病痊愈后，却留下终身残疾——左腿因关节变形而瘸了。当时他只有19岁，在迷茫、困惑、近似绝望的日子里，他不禁想起双腿残疾后著兵法的孙膑。“古人尚能身残志坚，更何况我才19岁呢？更没有理由自暴自弃，我要用健全的头脑代替不健全的双腿！”华罗庚就是这样顽强地与命运做斗争，白天，他忍着关节剧烈的疼痛，拖着病腿，一瘸一拐地到地里干活；晚上，他便在油灯下自学到深夜。1930年，他的论文在《科学》杂志上发表后，曾惊动清华大学数学系主任熊庆来教授。从那以后，清华大学聘请华罗庚做助理员，在名家云集的清华园，华罗庚一边认真地从事助理工作，一边在数学系做旁听生，并用四年时间自学了英文、德文、法文并先后发表十篇论文。在他25岁的时候，已是一名蜚声国际的青年学者。

对于自尊的人们而言，在遇到困难和挫折时，他们能够奋发向上，自强不息，征服挫折与失败，在挫折与失败中而获得成功。但对于丧失自尊的人们而言，当遇到困难和挫折时，往往自暴自弃、自轻自贱。一个没有自尊心的人，是不可能获得任何成功的。

3. 自尊使人品德高尚

法国物理学家居里夫人费尽千辛万苦，花费巨大劳动而提炼出了镭。居里夫人对镭既热爱又向往，然而，却把它交给了巴黎大学镭学院。一天，一位美国记者采访居里夫人，当得知他并没有什么财富时”感到甚为惊讶。居里夫人解释说：“镭不应该使任何人发财，它是一种化学元素，应该属于大家。”记者不解地问道：“如果你可以选择世界上所有的东西，你会选择什么？”居里夫人迟疑了一下，然后说道：“我很想拥有一克镭来进行科学实验，我不能购买它，对我而言，它实在太昂贵了！”记者无比感动，在回国后，倡议成立“居里夫人镭基金会”，随即美国许多城市便成立了这种协会。在短时间内，居里夫人便得到了渴望已久的镭。

1921 年，居里夫人抵达纽约，美国总统在华盛顿向她正式转交了一克镭，在举行赠送仪式的前夜，居里夫人看到了“捐赠证书”，她当场声明：“这个证书必须修改一下，美国贡献的镭应当属于科学而不是我自己，如果按照证书上的这种说法，就意味着在我死后，这克镭将成为私人的，也就是我女儿的财产，这是不可能的……”由于居里夫人的坚持，当晚见证人便根据她的意见，对证书做了一定的修改。

自尊是道德高尚的表现之一，只有自尊的人们才懂得尊重他人，与此同时，也能赢得他人的尊重。相反，不尊重他人的人，也不能赢得他人的尊重。

## § 培养自尊的品格

作为青少年，应从以下三个方面，培养自尊的品格：

**首先，寻找个人自尊的支点。**

每个青少年都有自尊的理由，这是由于每个青少年都有自己突出的优点或优势，这些优点或优势就是我们自尊的支点。那么，如何寻找这个“支点”呢?

1. 正确认识与评价自己。

绝大多数青少年对自己的认识与评价，常常是通过比较而形成的。有些青少年时常用自己的长处与别人的短处相比，结果使其过于自信，形成自负；有些青少年时常用自己的短处与别人的长处相比，结果使其自信心不足，产生自卑。因此，青少年只有选择正确的参照标准，才能比出信心与勇气，比出实际的进步。

2. 全面看待自己。

“尺有所短，寸有所长。”每个人都有自己的可取之处或是别人并不具备的优势或特点。青少年既要看到自己的优点或长处，相信自己的力量；又要看到自己的缺点与不足，敢于承认它们。

3. 用发展的眼光看待自己。

青少年应该用发展的眼光看待自己，了解昨天的自己，认识今天的自己，追求明天的自己，看到自己的成长，自己的进步，自己的不足。

**其次，创造成功的记录。**

自尊与成功密切相连，成功的学习或生活经验是青少年自尊的基础。对于青少年而言，没有成功就没有自尊，一个在学习生活中充满失败记录的青少年，是很难拥有自尊心的。

**最后，拥有正确的方向。**

青少年不仅要从个人角度培养自己的自尊心，还要把个人的自尊上升为集体的自尊，从而增强自己的自尊心。

**轻轻地告诉你**

对于青少年而言，其自尊的心理品质并不是天生的，而是来源于每个青少年的自觉修养与精心培育。青少年应该通过自己的实际行动，朝着自己选择的目标，克服依赖心理，创造更多的成功纪录，从而更好地培养自己的自尊心。

## 2 切莫让“假自尊”占据你的心

任何人都应该有自尊心、自信心、独立性，不然就是奴才。但自尊不是轻人，自信不是自满。

——徐特立

每一个青少年都有自尊，自尊是一个青少年对自己身体、能力、品德、行为等感到满意的一种状态。由于自尊，青少年才会积极健体，追求健康之美；由于自尊，青少年才会积极学习，表现技能才华；由于自尊，青少年才会助人为善，使其品德升华……与此同时，在青少年未承受过人生风雨的幼小心灵中，自尊又是那样敏感与脆弱。

### § 拒绝“假自尊”

我们时常看到这样的青少年：他们在享受着成功所带来的欢乐，在公众面前充满自信，然而，在他们心灵深处，却很不满足，充满焦虑或感到压抑……他们只是在表面显得自尊，却没有内心深处的自尊。

小磊是中国药科大学镇江校区的一名在校大学生，他是学校的一名贫困生，学习成绩不错，老家在山东农村，平时自尊心极强，很少与其他同学进行沟通交流。由于其春节没有回家，母亲便在端午节来临之际，从千里之外的老家来看儿子，并拎来一大篮子自己亲手包的粽子。令人们意想不到的是，母亲的到来使小磊感到十分不快，并无比震怒，他觉得衣衫破旧的母亲会使自己“丢脸”，被同学们看到后笑话，于是坚决不让母亲进校。经过近20分钟的僵持，在儿子的一再催促下，母亲无奈地含泪掉头离去。在即将离开的时候，母亲反复地向小磊询问道：“快要端午节了，要不要把粽子留下来吃？”但儿子却嘟囔了一句：“你快走吧，谁还吃这个东西？”

小磊担心衣着破旧的母亲被同学们看到后瞧不起自己，竟然将从山东远来探望自己的母亲拦在校门口，并让母亲将亲手制作的一大篮粽子原封不动地带回去，在无可奈何下，母亲不得不含泪离开。中国有句古话是这样说的：“儿行千里母担忧”，也有这样的诗句：“慈母手中线，游子身上衣；临行密密缝，意恐迟迟归；谁言寸草心，报得三春晖？”可怜天下父母心，其母善良淳朴的伟大母爱值得我们感动. 然而，“自尊心”极强的小磊却令人们感到愤怒。

自尊心强本是一件比较好的事情，自然无可厚非，但当自尊心变成一种畸形的冷漠，一种对自己母亲都冷若冰霜的态度的时候，试问，这样的自尊还能承载什么呢？假自尊只是没有现实基础的自信与自我肯定的幻想。它用一种没有理性的自我保护的办法来减轻焦虑，并伪造一种安全感来缓解我们对真正自尊的需要，避开缺乏自尊的真正原因。假自尊是建立在或恰当或不恰当的价值观念基础上，无论是否恰当均与真正的自尊没有丝毫的本质联系。

对于不计其数的青少年而言，不应从知名度、声望、物质所得中寻求自尊，而应从意识、责任和诚实中得到自尊；不应注重自己是某个社团、学校或政党的成员，而应该珍惜自己的真实性；不应盲从于某一特定群体，而应做出合适的自我主张……青少年应拒绝“假自尊”占据自己的心灵。

## § 认同不是自尊

对于青少年而言，别人的认可不能使其产生自尊，与之相同，知识、技能、物质财富等也不能使其产生自尊，或许这些会使他们暂时拥有比较好的感觉，或在特殊情况下更舒服一些，但舒服并不是自尊。

增强自尊的一个最好办法就是与自尊有帮助的人们为友，而不是与自尊不利的人们为友。有益的关系比有害的关系更可取。但是，不要奢望从别人那里得到自尊。这不仅是行之不通的，还容易使我们成为喜欢听别人奉承的人，对我们的身心健康均有弊无利。

自尊是内心深处的一种感觉，位于生命的中心，它是我们对自己的看法与感觉，而不是别人对我们的看法与感觉。因此，青少年应该了解自己的情感，了解自己的反应，学会独立思考，而不是一味地认同与被认同。

如果骄傲是指我们的行为或成就而产生的明确意识的快乐，那么自尊则是我们的基本能力与价值的感受。因此，对于诸多的青少年而言，切莫让“假自尊”占据了其幼小而又脆弱的心灵。

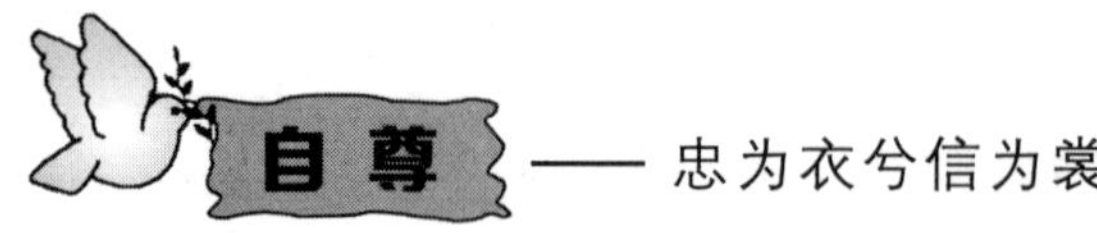




# 3 用放大镜看自尊心

该不该用放大镜来看待自尊心，多年来这一直是一个有争议的话题。

——佚名

生活中，自尊心强的人们对自己的生活比较满意，不仅对自己持肯定态度，也往往能够接纳他人，乐于参加各种公益活动；自尊心不强的人们则时常对自己持否定态度，对他人往往不够信任或缺乏善意，较少与他人进行交往。

在家里，父母时常告诫孩子要有自尊心；在学校，老师经常教育学生要做到自尊自爱、自立自强；在生活中，我们也不时地听到这样的议论：某人自尊心太强等。由此可见，自尊心是一种常见的心理现象。

朱自清是清华大学中文系的一名教授。1948年初，人民解放战争进入最后关键阶段；6月，北平学生掀起反对美国扶植日本军国主义的运动。而在那时，朱自清身患重病，又无钱医治，但他却毫不犹豫地在写着："为表示中国人民的尊严和气节，我们断然拒绝美国具有收买灵魂性质的一切施舍物质，无论是购买的还是给予的……"的宣言上签下了自己的名字。同年8月初，朱自清由于病情加重，医治无效而在12日逝世。那时他年仅50岁，在临终前，朱自清以微弱而又颤抖的声音对家人谆谆叮嘱道："有一件事情你们必须记住，我是在拒绝美国面粉的文件上签过名的，我们全家以后不准购买国民党配给的美国面粉！"

朱自清宁可饿死，也不领美国救济粮的故事反映出中华民族的尊严与气节，在中国的历史上，诸如此类的事情不计其数。那么，究竟什么是自尊呢？我们可以用放大镜来理解自尊的真正内涵：

## § 自尊是一种评价与体验

绝大多数青少年从两三岁开始，便有了自我概念，能够描述自己的身体特征、性别、年龄或各种喜欢的活动，譬如："我是一个男孩。""我已经三岁了。"在三四岁的时候，他们又会从评价自己中体验到自豪或羞愧，于是自尊的萌芽便由此而生，譬如："我是一个懂事的孩子。""我是一个好学生。"心理学家通常把心理过程分为认知、情感与意志三个方面，与之对应，自我意识也可分为自我概念、自尊与自我控制三个方面。自我概念和自我控制与自尊有着密不可分的关系，它们是自尊的基础，但又与自尊有所区别：自我概念仅仅只是对自己的客观描述，譬如："我是一个小学生。"而自尊则是在这种描述的基础上带有评价与情绪感情色彩，譬如："我是一个优秀的小学生。"

## § 自尊是一个人具有积极意义的品质

在平日的生活中，不计其数的青少年认为自尊不仅是自己感到有能力、有信心等具有积极意义的品质，还是一个人爱面子、骄傲自大、缺乏批评精神等具有消极意义的品质。我们时常听到这样责备的话语："你这个人自尊心简直太强了！"换而言之也就是说，自尊心太低或太高均不可取，自尊心应该适中。事实上，自尊只是我们人格中具有积极意义的部分，是应该努力培养的。自尊心越高越好，与之相反，“死要面子”“骄傲自大”等并不是自尊，而是一种自卑的表现。

## § 自尊与个人的自我价值有关

对于青少年而言，当其在考试中获得优异成绩时，常常会感到自己比较有能力；当其建议被老师或同学采纳后，时常会感到自己很重要；当其在公交车上为老人让座时，经常会看到周围人们不约而同赞许的目光……这些就是自尊。自尊是一个人人格的重要组成部分，在人的心理结构中位于最高层。青少年在不断地社会生活中能够获得许多情感体验，但并非所有的情感体验都属于自尊，譬如：恐惧、胆怯、焦虑等均不属于自尊，而那些与自我价值有关的情感体验（譬如：自信心、成就感等）才属于自尊。

**轻轻地告诉你**

青少年应该正确理解自尊的含义，全面地、实事求是地对待自己，只有这样，才能在不断地学习、生活中真正把握自尊、追求自尊，并最终超越自尊。

# 4 自尊，伴你我成长

自尊心是一种美德，是促使一个人不断向上发展的一种原动力。

——毛姆

青少年时期正是长知识、长身体、长思维的黄金时期，在这短短的最关键的十几年里，青少年不仅在身体上有了质的变化，其心理也日渐趋于自觉、独立、成熟。可当前，人们生活在一个信息量大、物质财富不断增长的时代，一不小心就很容易陷入精神空虚和物质享受的不良旋涡，而青少年对自己的人生刚从被动向主动迈步，更容易在青春期特有的情感强烈、敏感，易于冲动的影响下，受到他人不良的影响，做出影响一生的事，所以青少年为了自己能健康成才，非常有必要培养自尊的品质。

鲁迅曾说过："君子自重。"自尊所产生的内动力是无法估量的，可以说是青少年成长的根本。青少年只有做到自尊，热爱自己，热爱生活，才能为自己的人生递交一份圆满的答卷。

## § 成长路上不能没有自尊

青少年要想使自己成为一个有用的高才、人才、全才，就必须有自尊。自尊是人生杠杆上不可缺少的支点，可以使人坚守自己的主见和独立的人格，是人前进的动力，是支撑自己走下去的力量，它可以让自己变被动为主动，化腐朽为神奇，朝着自己的奋斗目标前进，成就自己的人生。

爱迪生是世界著名的“发明大王”，但是他在幼小的时候学习成绩很差，只读了三个月书就辍学了。由于他学习成绩很差，却还偏偏喜欢打破砂锅问到底，经常把老师问得瞠目结舌，老师为此十分愤怒，并时常当众称他是“傻瓜”。爱迪生忍受不了这样的侮辱，眼泪汪汪地回到家，向妈妈诉说自己满腹的委屈，并表示再也不跨进学校的大门了……

当过教员的妈妈十分同情儿子的处境，于是为爱迪生办了退学手续。回到家后，妈妈严肃地对爱迪生说道：“从今往后，我教你读书，你有没有决心学好？”妈妈的话深深打动了爱迪生的心，它以很少出现的严肃神情，对妈妈回答说：“妈妈，您放心！我一定会好好读书，长大了要在世界上做出一番事业。”这就是少年爱迪生最早立下的志向。就这样，他一生拥有近2000项发明，譬如：留声机、电灯、电影、蓄电池等。

爱迪生从一个穷苦的、没有受过正式学校教育的孩子，成为一名受人尊敬的发明家。在世界科学发展史上，他的名字永远闪耀着光辉。换而言之也就是说，爱迪生所取得的重大成就来自他的自尊、进取精神。

自尊是一种力求完善的动力，是一切伟大事业的渊源。古今中外，凡是有成就的人，无一不是以良好的自尊为先导的。司马迁受宫刑而怒作《史记》，孙膑刖双足而血凝兵书；张海迪高位截瘫自强不息成为时代巨人。自尊可以说是人的脊梁，它使人挺直腰杆做人，更是人生的一笔无价宝，有了它就拥有巨大的财富。

一个懂得自尊的人，不管在什么环境下，都会兢兢业业，努力学习，严肃认真地履行自己的职责，把自己的事情做好。更会在自尊的基础上，做到自爱、自信、自强、自觉并主动去做好任何一件事情。懂得自尊的青少年，他们学与做，求与索，逐渐会远离依赖性、被动性和胆怯性，代之以独立、自信自强的理念，去顽强拼搏，孜孜不倦，开拓进取，大胆创新，有勇气冲破任何艰难险阻，追求自己的理想。他们能够以国家和人民的利益为重，在任何逆境中都能保持自己的本分，在生活和学习中，能够以身作则、言行一致，把自己塑造成一个有道德、有理想的人。

人生众平等，本没有贵贱高低之分，有的只是文化的差异，地域的差别，世上没有什么东西比自己的人格更高贵、更重要，人要做到自尊，才能自立自强，在变化不定的人生路上站稳自己的双脚，坚定自己的目标，昂首挺胸做人，凭自己的本事摘取人生的硕果。

## § 自尊伴你健康成长

一个人自尊的品质不是天生就有的，而是靠后天的培养逐步形成的。青少年时期是人格塑造的关键时期，对于每一个青少年而言，为了自己能健康成长，养成自尊的良好品德，塑立高尚的人格尤为重要。

要做到自尊，就必须先认识自己，了解自己，理解自己，学会容纳自己。如果你自己都不能接受自己，总是把自己设想成一只丑小鸭，躲在窝里自惭形秽，不能走出自己所织的茧，怎么去证明自己不是一只天鹅？不要总是自卑，不要总是仰慕别人，世上没有完全相同的两片树叶，更没有完全相同的两个人，每一个人在这个世界上都是独一无二的。没有天生的伟人，也没有人天生就会成功，关键在于自己是否有追求的勇气，是否有实现的恒心。一个人若要做到自尊，其前提就是不自卑自弃，无愧于自己，只有这样，才能赢得自我，赢得多彩的人生！

注意仪表也是自尊的具体表现。爱美之心，人人皆有，进入中学以后，许多青少年特别重视自己的容貌和衣着，可要知道，世界上最名贵、最美丽的衣服不是珍珠汗衫，也不是羽衣霓裳，而是自尊自爱、惭愧知耻。一个懂得自尊的人，只要仪表优美、大方，在言行上约束自己，维护自己的良好形象，主动爱护他人的尊严，把尊重自己和尊重他人结合起来，即使你不穿最好的衣服，身上所散发出的气质，也会使人对你肃然起敬。

**自尊的人，懂得珍爱自己的生命。**但自尊不是自恋，也不是极端的自我保护，更不是消极的自甘堕落。人生只有一次，生命如此可贵，青少年不可为了一时的冲动，而放弃如花的生命，毁了自己的一生。

**自尊的人，更懂得珍惜时间。**每个人的生命都是有限的，属于一个人的时间也是有限的。古人云：一寸光阴一寸金，寸金难买寸光阴，每个人从来到这个世上起，所拥有的时间就开始倒计时，珍惜时间就是珍惜生命。青少年阶段是学习知识的黄金时期，只有珍惜每一分钟，不肆意挥霍自己的时间，不虚度年华，才能为自己以后的人生打下坚实的基础。

**自尊的人，敢于面对生活的苦难。**古语说，“将相本无种，男儿当自强”。先天的环境谁都无法改变，成功路上的困难谁也避免不了，重要的是你是否有克服困难、战胜环境艰险的勇气。苦难对于伟人来说是一块垫脚石，对于能干的人是一笔财富，对于弱者则是万丈深渊。飞速发展的现代社会是一个充满挑战的社会，只有从小磨炼出坚韧的毅力和超强的接受能力，才能在以后的人生路上从容面对更大的困难。

## 轻轻地告诉你

青少年应该使具有自尊的品质，因为自尊可以重塑你的人生，可以让你懂得尊重他人，可以让你言语文明，可以让你行为 端正，更可以让你处事认真，温暖你的人生。与此同时，自尊是健全人格必备的良好心理品质，它是一个人日趋成熟的标志，它能在潜意识时要求自己，完善自己，自觉履行自己的责任和义务，使自己珍惜自己的生命，更能驱使人奋发进取、自强不息。它能让你堂堂正正地做人，无悔一生。

## 5 对自己保持自信

自信是成功的第一秘诀。

——爱迪生

社会不帮助自卑之人，上帝只让自信之人看见成功的顶峰。自信是人生最珍贵的品质之一，是获得人生成功和幸福的最为重要的一种心态。

美国著名的成功学奠基人和励志导师罗杰·马尔腾说："你成就的大小，往往不会超出你的信心的大小。不热烈地坚强地希求成功，期待成功，而能取得成功的，天下绝无此理。成功的先决条件就是自信——缺乏自信，就会大大减弱自己的生命力。"

### § 自信是人生的第一个锦囊

自信是一缕和煦的春风，是一丝动人的微笑，是一片明朗的天空。自信让我们变得干练、成熟，自信使我们的脚步变得坚实稳健。一个不屈不挠的人，自信在心中必坚韧地站立着，站成精神上的钢浇铁铸的脊梁，站成一幅永不凋谢的风景。

有一位女歌手，在第一次登台演出之前，心里十分紧张。想到马上就要面对数千名观众，她的手心开始冒汗，并在心里想：要是在台上一紧张，忘记歌词了怎么办？越想她的心里就越慌，一慌就显得六神无主，甚至有了打退堂鼓的念头。

就在她不知所措的时候，有一位前辈走过来，给了她一个小纸条，并且告诉她说："不要怕，这纸条上面写的有歌词，如果忘记的话，就打开来看。"她很感激地望着前辈，握着这张纸条就上了台。也许有那张纸条在手中，她的心里踏实了许多，在台上，她发挥得相当好，而且赢得了观众的热烈掌声。

她高兴地走下台，向那位前辈致谢。前辈却笑着说："是你自己战胜了自己，找回了自信。其实，我给你的是一张白纸，上面根本没有写什么歌词！"她展开手心里的纸条，果然上面什么也没写。女歌手一脸惊讶，自己竟握着一张纸条顺利地演出成功。

前辈接着说："你握住不是一张白纸，而是你的自信！"

女歌手非常感谢前辈的指点，在以后的人生道路上，她就凭着把握自信的勇气，战胜了路途中的一个又一个困难，取得了一次又一次的成功。

这个女歌手的故事告诉我们，手握自信就可以战胜人生中最大的敌人——自己。战胜了自己，拥有了自信，你就让自己开启五彩的生活。青少年要谨记：自信是人生路上的第一个锦囊。带着这个锦囊上路，路上再多的风雨你都可以穿越。

自信是人生坐标系上的原点，处境极其微妙，前进抑或后退，就在一念之间。具备自信就是具备了开拓进取的基础和条件，因为有了自信，就有了创造精神和创新意识。十分成功中有五分属于自信。成功是船，自信是帆；成功是高山，自信是登山的小阶；成功是远方的路标，自信是脚下的跋涉。

自信是愚公移山的信念，是精卫填海的毅力，是夸父追日的追求。自信不是神话，但神话中的愚公、精卫却树起了一杆自信旗帜，飘扬在历史的岁月中，让代代传诵自信的力量。

## § 自信是战胜一切的力量

自信可以战胜一切坎坷，自信心是比金钱、实力、家世、亲友更有用的要素，它是人生最可靠的资本，它能使人克服困难，排除障碍，不怕冒险。对于事业的成功，它比什么东西都更有效。

一个人可以给予自己很高的估价，而自信处处能助他取得胜利。在他从事事业的过程中，“气”已被表现，即使刚刚开始，他也已取得一定的胜利。那一切自卑、自抑等阻止人类进步的障碍，在这种自信坚强的人面前，就完全旁落他处。

世界著名的交响乐指挥家小泽征尔，在一次世界优秀指挥家大赛的决赛中，他用按照评委给出的乐谱开始指挥演奏，可是，一开始他就敏锐地发现了演奏中出现了错误。于是，他请求停下来重新开始，可是，还是感觉不正确，他认为乐谱存在着问题。

这时，在场的作曲家和评委会的所有权威人士都坚持说乐谱没有错，是他错了。面对一大批音乐权威人士，他思考再三，最后斩钉截铁地大声说：“不！一定是乐谱错了！”话刚落音，评委席上的评委立即站起，报以最热烈的掌声给他，祝贺他大赛夺冠。

原来，这是评委精心设计的“圈套”，以此来检验指挥家在发现乐谱错误并遭到权威人士“否定”的情况下，能否坚持自己的正确主张。前两位参加决赛的指挥家虽然也发现了错误，但终因随声附和权威们的意见而被淘汰。

小泽征尔因充满自信，因坚信乐谱有错，而摘取了世界指挥家大赛的桂冠。

小泽征尔在无形中告诉青少年：相信别人，不如先自信，再聪明，再厉害的人也有出错之时。自信往往是战胜一切的力量！在不断学习的过程中，不计其数的青少年也有过和小泽征尔类似的情况。比如：你对一个问题有自己独特的观点，老师却说你的观点不正确。面对老师的“资深”，你就按照他的思路往下走了。其实，这种情况对于正在接受新知识的青少年而言，是一个不好的趋向。这时候，你可以多去请教几位老师，多听听其他老师的观点，多做比较，然后再确定自己的观点是对是错。

因此，青少年不要一味地相信老师、相信同学、相信家长的观点，你完全可以有自己的见解。当然，这也并不是说你要脱离大家而一意孤行，在怀疑的前提下去和老师、同学、家长一起去讨论，得出自己的见解，这才会让自己进步得更快。

## 轻轻地告诉你

对于青少年而言，在茫茫人生大海中，需要一张自信的风帆来作为不断前进的动力。自信不仅是黑暗中的点点红光，还像是幼鸟在天空中自由翱翔；自信不仅是迈进成功的重要一步，更是指引未来的光芒。只有具有自信，才能给予自己一个成功的信念。

# 6 把虚荣心转化为自尊心

虚荣心很难说是一种恶行，然而一切恶行都围绕虚荣心而生，都不过是满足虚荣心的手段。

——柏格森

在平日的学习生活中，有自尊心的青少年不甘落后，能够自觉主动地遵守纪律，努力学习，并能创造性地完成任务。由此可见，自尊是一种难能可贵的情感，青少年只要能够很好地利用它，就能够丰富自己、提高自己、发展自己。但是，有些青少年自尊过分，特别爱面子，贪图追求表面光彩，便由此走向了虚荣。

笑笑是一个家境贫寒的女孩，高中毕业后刚刚步入社会，为了追求时髦，她不惜一切向亲朋好友借钱购买高档衣服，还用借来的钱购买了钻石项链、戒指等，以此炫耀自己。周围的朋友羡慕地夸奖她比较有钱，而她只是说这些物品是爸爸妈妈帮她买的。

有一天，她家的门楼水泄不通，到处堵满了要债的人，这时，周围的朋友才明白事情的真相。从此以后，大家在无形中总是有意无意地躲着笑笑，她也为此陷入了苦恼之中。

从心理学角度而言，虚荣心是一种被扭曲了的自尊心，是一种追求虚荣的性格缺陷。每一个青少年都有自尊心，都渴望得到社会的认可，这是一种正常的心理需要。然而，在现实生活中，一部分青少年不能正确地估价自己，将父母或他人的荣耀当成自己的；由于害怕被别人瞧不起，往往不顾经济条件是否允许，在穿着打扮上互相攀比；在知识学问方面，不懂装懂；总是表现出一贯正确，听不得别人对自己的批评……他们并不是通过实实在在的努力，而是利用撒谎、投机等不正当的手段进行渔猎名誉。青少年若要把其虚荣心转化为自尊心，应从以下几个方面进行调整。

## § 认识虚荣心的危害

虚荣心强的人们，在思想方面会不自觉地渗入自私、虚伪、欺诈等因素，它与谦虚谨慎、光明磊落、不图虚名等美德格格不入。具有虚荣心的人们总是为了表扬、赞许才去做某些事情，对表扬或成功沾沾自喜，甚至不惜一切弄虚作假。他们并不喜欢也不善于取长补短，而是想方设法遮掩自己的缺点与不足。青少年正处在生理与心理的发展时期，这种虚荣的心态对迫切要求上进，奋发向上的青少年而言是相悖的。除此之外，青少年一旦沾染上虚荣这一品质，便不敢袒露自己的心扉，为自己带来沉重的心理负担。毕竟虚荣只能满足一时，而不能应付一世。

## § 把握虚荣心与自尊心的联系

随着年龄的增长与生理不断发育，青少年的自尊心也得以发展，并明显增强；随着自尊心的发展，虚荣心逐渐进入人的情感领域。事实上，虚荣心是一种扭曲的自尊心。一般而言，自尊心强的人对自己的声誉、威望比较关心。若做了好事，心里高兴是荣誉感的表现；珍惜荣誉、顾全面子是维持自尊心的正常要求；而为了表扬或赞许而做好事，甚至不惜弄虚作假，则是虚荣心的表现。

## § 端正自己的人生观与价值观

自我价值的实现不能脱离社会现实的需要，必须建立在社会责任感之上，正确理解权利、地位、荣誉的内涵及人格自尊的真实意义。

青少年时期，他们开始为追求一定的目标价值而学习，学习在无形中便成为自觉、主动而又持久的活动。然而，随着社会主义市场经济体制的建立，人们的观念发生了一系列变化，加上某些消极因素的影响，许许多多的青少年过分追求外在的虚华，摆阔气，讲排场，大吃大喝，互相攀比……这些均为其虚荣心的增长提供了一定的土壤。青少年只有着眼于现实，通过艰苦努力，克服前进道路上的种种障碍，才能实现自己的远大理想与抱负。

## § 摆脱从众心理

从众心理既有积极的一面，也有消极的一面。对于社会上的一些歪风邪气、不正之风，倘若任其发展，就会造成一种压力，使一些意志薄弱者随波逐流。在某种程度上，虚荣心就是从众行为的消极作用所带来的恶化与扩展。譬如：社会上流行吃喝讲排场，住房讲宽敞，玩乐讲高档……于是，一部分青少年在这种社会风的影响下，便误认为若在生活方式上落伍，将会遭受他人讥讽，于是他们便不顾自己客观实际，打肿脸充胖子，结果使其劳民伤财，负债累累，这是一种自欺欺人的做法。青少年应该以清醒的头脑面对现实，实事求是，从实际出发，摆脱从众心理的负面效应。

## § 调整心理需要

需要是生理的要求与社会的要求在人脑中的反应，是人们活动的基本动力。作为青少年，不仅有对饮食、休息、睡眠等的生理需要，还有对劳动、道德、交往等的社会需要；不仅有对空气、水、书籍等的物质需要，还有对创造、交际、认识等的精神需要。人的一生就是在不断满足需要中度过的，但人们毕竟不是动物，马克思曾经指出："饥饿总是饥饿，但是用刀叉吃熟肉来解除的饥饿不同于用手、指甲和牙齿啃生肉来解除的饥饿。"在某个时期或某种条件下，有些需要是正当合理的，有些需要是非合理的。对于青少年而言，对正当营养的要求是合理的，而不切实际摆阔气的需要是不合理的；对干净整洁、符合青少年身份的服装需要是合理的，而为了追求时髦，浓妆艳抹、穿金戴银的需要是不合理的……因此，青少年应该学会知足常乐，多思多得，从而实现自我的心理平衡。

### 轻轻地告诉你

自尊心是建立在自信的基础之上，具有自尊心的人们承认自己有比不上他人的地方，但是他们会想方设法使自己改变这种状况；而虚荣心则是建立在自卑的基础之上，具有虚荣心的人们总是十分在意自己在别人心中的形象，总想不由自主地掩饰自己的弱点，他们不是通过努力提高自己的实力，而是急功近利地做表面文章，结果到头来却使自己失去了真正的自尊。因此，对于爱慕虚荣的青少年而言，应努力把自己的虚荣心转化为自尊心。

# 7 加强自身修养，塑造自尊品质

修养是个人魅力的基础，其他一切吸引人的长处均来源于此。

修养是指一个人为人处世的正确态度，以及在艺术领域的水平造诣，是一个人综合能力与素质的体现。

假如说塑造自尊品质需要靠多方面的努力才能实现，那么个人修养的提高则关键在于自己。

## § 加强个人修养

修养是文化、智慧、善良和知识所表现出来的一种美德，是崇高人生的一种内在的力量。讲究情操修养，是我们中华民族的好传统。我国古代就有“修身齐家治国平天下”的说法。

加强个人修养能够提高个人素质，体现自身价值。青少年若要塑造自尊品质，就要从加强自身修养开始。

一位相貌平平、普通的女孩，在得知妈妈患了不治之症后，为了能够减轻家里的经济负担，就准备在暑假去打工。她到一家公司去应聘职位，经理从她的简历表上知道，她仅是一名在校的中专学生，成绩平平，也没有实践经验，就毫不犹豫地把她拒之门外。女孩在收回自己简历站起来的那一瞬间，因为不小心，手掌被椅子上的一颗钉子扎出了血。女孩见桌上有一块石镇纸，便用它将钉子敲平，然后转身离去了。当那个女孩还没有走出公司大门时，经理追了上来，对她说她被聘用了。使经理的态度做出改变的原因，正是女孩在一件很细小的事情上，体现出对别人的体贴与关爱。

在那位经理看来，女孩所展现出的是一种良好的自身修养。俗话说，品质好重于知识多。一个有良好修养的人，亲和力也会比较强，与人合作的机会会更多，能够给自己的成功带来好的运气。良好的修养，正是指一个人为人处世的态度，是一个人的综合素质和能力的体现，与此同时也是个人魅力的所在之处。

一个人的外貌是天生的，是很难改变的，可一个人的修养是可以培养出来的。只有从个人的言谈举止、为人处世的良好修养学起，才会做到一个有良好修养，有高尚品位的人；只有不断加强自身修养，才能塑造其自尊的品质。

为什么有些人在说话、举手投足甚至微笑或者问候，乃至是接听电话时会给人一种很美妙的感觉，而有些人则恰恰相反。这里面关系到一个人的修养问题。有的时候，优雅和礼貌并不完全是做给别人看的，事实上从内心深处，我们每一个人都很欣赏这样的美。并不一定外表长得很好看；并不一定拥有一块名牌的手表或者一副很好的嗓子，稍加注意，有修养的人就会在普通人中脱颖而出，这就是个人的魅力所在。

青少年若要加强自己的修养，首先要从“改”做起，从“受”做起，从自我要求做起。那么究竟要怎么“改”，怎么“受”呢?

**1. 应该改言、改性、改心**：人与人之间的沟通最基本的就是语言，如果我们说话没有艺术，或是说话不得当，就很难得到别人对自己的好感。在性格上假如习气很重，恶性不除，坏心不改，心里面的邪见、嫉妒、愚痴、傲慢不改，就很难在道德、修养上有所加深。因此，青少年应该学会不断地改，要改言、改性、改心，这样才能得到不断地进步。

**2. 应该受教、受苦、受气：**在人生的道路上，有些青少年为何能不断地进步，而有些青少年则不进反退呢？问题就是他不能接受。和学习读书是同样的道理，有些青少年容易进步，因为他乐于接受；有些青少年容易退步，因为他一直在排斥。我们在加深修养的过程中要学会受教，受教就是把东西吸收到自己心中，然后把它消化成为自己的思想。

我们不仅仅要受教，并且还要受气。如果一个青少年只能接受人家的赞美，是不能给自己增加力量的。青少年还应该学会接受别人的批评、指导，乃至伤害，能受苦、受气，如此才会得以进步。

**3. 应该思考、思想、思虑：**不管什么事情都必须三思而后行，思想是智能，任何事情在经过深思熟虑后再去做，必定能事半功倍。

**4. 应该敢说、敢做、敢当：**有些青少年不敢表达自己的想法，有意见的时候不敢在大众面前发表，只会在私底下议论纷纷，遇事不敢承当、也不敢做。不敢担当就不会负责，不会负责就无法获取别人对自己的信任。因此只要是好事、善事，我们就要学会敢说、敢做、敢当。

一个人的魅力体现在修养上，而修养来自细节。行为养成习惯，习惯形成品质，品质决定命运，从身边的事做起，从细微处着手，千里之行始于足下，九层之台起于垒土。青少年应该学会识大体，拘小节，从自己的一言一行开始，努力提高个人综合素质，成就自己的魅力人生。

## § 尊重他人是一种修养

尊重他人是自身修养的反映。尊重他人和他人尊重自己是对等的，一个人如果不能尊重他人，就必定很难得到他人的尊重，走入社会必然寸步难行。

“尊重”这个词听起来、说起来容易，做到却很难。“尊重”是一种很高的修养，是由里而外透射的人格，而这种人格是需要修炼积累的，这也成为衡量一个成功人士的标准。能否尊重他人是一个人自身修养的集中反映，只有尊重他人，才会得到他人的尊重，生活工作中每一份尊重的给予和接受都会产生积极的效果。

有这样一个事情：有两名干警在一次会议中因为别人误解了他们，在会议中竟然砸了桌子，摔了杯子，正常的工作秩序被严重的扰乱了。有人主张给他们个处分，把他们调离所在岗位。检察长不认同这个意见，建议把他们留下来，经过帮助和教育再做处理。结果这两位干警在一年后，一个受到了上级的嘉奖，一个成了办案能手。这位检察长有条规矩：与干警谈心时，首先给对方倒一杯热茶，然后与他坐在一起，面对面的交流。他说：“干部尊重人、理解人，不是谁怕谁，而是职业要求你学会尊重，只有这样，才能开启干警们的心灵的窗口”。

在现实生活中，每个青少年都需要得到友情，得到关心，得到帮助，一生中有几个同甘共苦、倾心交谈的朋友是许多青少年所渴望的，与人相识、相交，最重要的一条就是要学会尊重他人，就是所谓的“人敬我一尺，我敬人一丈”。你若想得到他人的尊重，那你只有先尊重他人，这样做同时也会体现出你是一个有修养的人。

所谓“树要皮，人要脸”。“要脸”就是特别关注自己的形象在别人心目中是什么样子。别人是否能够尊重自己，是自我形象在别人眼中的样子的重要表现。因此，在与人交往的时候，必须学会尊重他人。

尊重他人是一种品质，一种修养，一种对他人不卑不亢，不仰不俯的平等相待，一种对他人人格与价值的充分肯定，也是自己修养的一种

体现。

修养是人的一种素质和品位。可比较遗憾的是：在现实生活中，真正有修养的青少年并不多见，甚至连有品位的青少年也很罕见。而修养恰恰是建立在品位的基础之上。有些青少年梳理精致，穿戴整洁，精神清爽，可却沉默寡言，没有斗志，了无情趣。这体现了他的素质不够。有些青少年很少提升自己的综合素质，只会一味追求精致的生活，以情操和态度入世。这体现了他的品位不足。随着社会人口整体素质的提高，素质低也无品位的青少年在现实生活中日益减少，可他们却极具破坏性。这些青少年不学无术却喜欢评头论足；胸无点墨却不求上进，进而传导是非。

修养是一座永不沉没的人性方舟，在这座方舟上即便庸俗的流水在舟底暴涨翻滚，也只会将蒙昧心灵之上的尘埃，腐枝败叶冲刷殆尽，使高尚圣洁的灵魂永远保持自己的高度！

纯真的良知和理性在修养中流动着，它不会因为一时的焦躁和激怒而失之过甚铸成大错，不会使青少年盲目地为情绪上的冲动而丢掉道德上的约束，它会用一种宽容与自律的心境审时度势，洁身自守。

假如说修养是一种姿态和风度，那一定是一种“君子化”的姿态和绅士般的风度！对青少年而言，修养是一种境界，它不仅是涵养、素质、品位的集中体现，还是青少年自尊的外在表现，青少年只有具有自尊的品质，修养才会随之升华。修养升华了，其自尊才会更好地展现出来。

“相逢一笑泯恩仇，一切尽付笑谈中”是豁达的修养，豁达的修养会宽阔自己的胸襟，涵养自己的性情；“知之为知之，不知为不

知”是诚实的修养，诚实的修养创造人格的伟大与高尚；“春风大雅能容物，秋水文章不染尘”是超脱物欲的修养，这种修养能使青少年在利欲的大潮中保持一份安静与美好的心境，得到快乐与幸福的秘诀……青少年应该不断加深其自身修养，只有这样，才能更好地塑造自尊品质。

# 第四章

# 与自尊同行——把握成长的方向盘

在人生道路上，要始终把握好“成长的方向盘”——自尊

青少年在成长的过程当中，有许多需要把握的东西，比如学习、梦想以及人生目标等。然而，在这之前，青少年必须学会把握自己成长的方向盘——学会与自尊同行，否则，一切都将成为空谈。

青少年朋友要知道：漫漫人生略，谁也不知道下一个拐角可能会发生什么，但是学会让自己做自尊的主人，与自尊同行，你的人生将会永不变质。

# 1 自尊让你提高自信

我们应该有恒心，尤其要有自信心。

——居里夫人

在现实中，强者最大的竞争对手是自己，而自己成功最大的障碍是缺乏自信。只要你自信，只要你尊重自己、坚信自己，你就是伟大的，最终的成功必定属于你。自信是一切成功者的钙质，没有自信的人，将一事无成。对于青少年而言，培养自信的使命感是尤为重要的。

## § 成功的标志——自信

当下，随着社会的不断发展，青少年的身心健康日益引起社会的广泛关注。因为青少年正处于青春活跃时期，很多的不良的习惯也由此产生。这时，青少年的人生观、世界观、价值观都已经初步形成。但即便是如此，青少年仍会缺乏自信心。从某种程度上来说，自信心的强弱，决定着青少年个体的成功与失败，也是个性发展的重要前提和基础。

学会找回自尊，在真知中找寻自我，把握自我的精神上的度，不让自己处于失落状态，才可以在自尊中提高青少年的自信。

由于每个人的意识中都有一个理想的、积极的自我形象，但是，这个理想的自我形象，并不是总能指导和主宰自己的行为。因为它常常会受到另一个消极的瞬息万变的自我形象的干扰。前者不怕困难，勇往直前；后者遇事萎缩，知难而退。前者对你说：“我能行！”后者则会大唱反调：“我不行！”这个时候，你是选择前者还是后者？或许下面这个故事能给你一些提示。

一天，上帝分别送给三个年轻人一些同样干瘪的种子：第一个年轻人大呼：“上天为何如此不公？这么干瘪的种子怎么能够发芽？”随手扔掉种子后，他在抱怨声中结束了一生。第二个年轻人抱着试一试的心理，播种、浇灌、施肥，但很快就放弃了。后来，他终生为寻找一些饱满的种子而努力。第三个年轻人相信：只要精心呵护、尽心尽力，再干瘪的种子也能长成参天大树，自己的汗水会换来成片的阴凉。结果，第三个年轻人很快就拥有了一大片森林。

在这个故事中，第三个年轻人选择了前者。可见，自信是人获胜的法宝，更是事业的保障。

青少年朋友，你自信吗？当你成绩名列前茅时，你能否告诉自己：“一分耕耘，一分收获”，而不是“这次运气真好”而造成心理上的压力；当你成绩有了进步，你能否对自己说：“学习有什么困难，只要努力，我一定能学好”，而不是“这次纯属侥幸，我不是学习的料”而停滞不前；当你考试退步了，你应该向天发誓：“从现在开始，我一定努力，一定学好”，而不是“我永远也学不好，学习对我来说就是活受罪”而放弃了学业。如果你真的想拥有自信，就从现在起告诉自己：哪怕是一粒干瘪的种子，我也要长成参天的大树！我相信：我能行！

通往成功的道路上总是充满艰辛，而成功者在走向成功的道路上，他们的内心也往往充满着矛盾和斗争。高呼“我能行”，其实就是要强化心中那个积极的、理想的自我形象，战胜和排除消极的自我形象的干扰，用自信来融化存在于心中某一角落的自卑。

## § 自尊能培养你的自信

对于一个自信的人，他会勇于面对自己，面对人生中的挑战，努力向自己定下的目标进取。追求自我实现，不仅可以带来个人的成功感，而且在其他方面也能得到全面的发展，使自己更受人欢迎。相反，对于一个没有自信的人，他会失去自我，不懂得尊重自己，逃避挑战，不敢面对失败的风险，怀疑自己的能力，使自己失去很多成功的机会。因此，青少年应努力培养自己的自信心，让自己在任何困难面前都能说："我能行！"

1. 驱除自卑感

自卑是一种过多地自我否定而产生的自惭形秽的情绪体验。自卑是因为长时间的不自我肯定，不尊重自己的人生价值产生的。比如说，你因为家庭条件不好而自卑，这是因为在你的头脑里有一个错误的认识，那就是你认为自己的家庭条件不好，会令人轻视。你应该给自己一个正确的认识：我家庭条件不好，学习条件恶劣，但是我相信，经过我的努力，我一定会学得更好，一定会改变自己的生活，我会赢得更大的尊重。这就是一个正确认识。要给引起自卑的事实一个正确的认识，这是消除自卑心理最好的方法。

2. 练习正视别人

一个人眼神能够透露出许多有关他自身的很多信息。当一个人不敢正视你的时候，你的直觉会问你自己："他想要隐藏什么？他怕什么？他是不是做了什么不好的事？"正视别人等于告诉他：我很诚实，而且光明正大，毫不心虚。正视别人，不但能给自己带来信心，也能使他人更加信任自己。

3. 挺起胸膛，让步态轻松稳健

步态的调整，可以改变你的自信状态。如果是那些遭受打击、受排斥的人，走路时都是懒懒散散、拖拖拉拉，完全没有自信感。拥有自信的人，则是胸背挺拔，走起路来稳健轻松，他的体态告诉别人：“我真的认为自己很不错！”挺起胸膛走路，你的自信心一定会得到增长。

4. 学会欣赏自己，表扬自己

青少年要培养自信，就要学会欣赏自己，表扬自己，把自己的优点、长处、成绩、满意的事情统统找出来，在心中“炫耀”一番，反复刺激和暗示自己“我可以”“我能行”“我真行”，长时间的练习，你就能逐步摆脱“事事不如人，处处难为己”阴影的困扰，就会感到生命有活力，生活有盼头，觉得太阳每天都是新的，从而激发自己奋发向上的动力。

5. 练习大声讲话

大声讲话是训练表达的自信，是建立完整自信的一个最好的途径。如果你有一些不自信，你不妨从现在开始练习大声讲话。一定要敢于张嘴，敢于向别人大声地表达你的感受和你的观点。要记住，声音一定要大。

6. 鼓励自己

自己给自己鼓掌，自己给自己加油；自己给自己戴朵花，自己给自己发锦旗，便能撞击出生命的火花，培养出像阿基米德“给我一个支点，我将移动地球”的那种豪迈的自信来！

## 轻轻地告诉你

自信并不是盲目地自我感觉良好，盲目地欺骗自己、自我忽悠，而是建立在客观、真实的自我认识的基础上。它是激励自己奋发进取的一种积极的品质，是以高昂的斗志、充沛的干劲，迎接生活挑战的一种乐观情绪，是战胜自己、告别自卑、摆脱烦恼的一剂灵丹妙药。总之，自尊可以增强你的自信可以使一个人从平常走到辉煌；自信可以使一个人从绝望看到希望；自信，可以使一个人从暗淡走向光芒。作为一名青少年，要学会在懂得自己的同时去激发自己的自信心，使自己不断地进步，从而创造生命的亮点，成就辉煌的人生。

## 2 世界上最幸福的人——自尊的人

拥有自尊心是一种幸福。

——佚名

在现实生活中，很多人为了私人的利益而出卖了自己的灵魂，不懂得自尊自爱。自尊是人生中的最大收获，懂得自尊的人，其人生是丰富多彩的。所以，青少年朋友们，你们一定要做一个世界上最幸福的人——一自尊的人。

### § 自尊，我为你保留自己

世上没有万能的人，也没有一无是处的人。尺有所短，寸有所长，再“高贵”的人亦有其致命的弱点，再“低贱”的人也有他人所难及之处。生活的好坏不是上帝的安排，也不是偶然的机遇，而是靠我们自己的双手和头脑去创造。无论何时何地，都应该保持一颗种子般的心灵，期盼阳光，穿透黑夜，期盼着春意盎然，期盼着鲜花灿烂……相信拥有信心的种子，就地撷取命运的花香；相信自己是世界上最幸运的人，相信自己的人生，懂得尊重自己。

一个孩子，他从小就很喜欢飞机，但是家里特别穷困。他十分尊重自己的言行，宁可穷也绝不去私自动别人的东西。每当他看到其他的孩子都拿着自己心爱的飞机在玩时，就躲在家门口，默默地观望着飞机在天空中自由地飞来飞去。

于是，他决定自己去做一架自己的飞机。刚开始，他慢慢地看别人的飞机模型，按照飞机的样子自己动手制作。

没想到他真的很幸运，居然做成了一个精致的飞机。此后，这位孩子也成了一名著名的飞机设计师。

相信自己，相信你的能力。提醒自己，幸运之神与你同在，你将所向披靡。——诺曼·文森特·皮尔。

幸福是把握好自己的人生，在学习和生活上，表现得很是积极，尊重自我的价值，承认自己所做的一切事情，并敢于去面对身边的周遭。懂得珍惜自己的一言一行，不拖泥带水，形成一套自己的生活习惯。这就是一个真正的自尊的人。

世界上任何事物都不是一成不变的，青少年要学会适时地改变自我，让自己更快乐，改变一下自己的视觉，学会从另一个侧面去看待真实的自己，认为自己是世界上最幸福的人。凡事都往最好的一方面去想，这样才能像练本领一样在自己的大脑中输入正面的信息，使自己充满自信，变得更快乐。

## § 最幸福的人莫过于自尊之人

世界上什么最幸福呢？青蛙说：“我是世界上最幸福的。因为我不仅可以待在水里，还可以在河岸上自由地跳来跳去。”鱼儿说：“我是世界上最幸福的。因为我可以在深海中游来游去，看到大海中的奇宝。”老牛说：“我是世界上最幸福的。因为我可以在地里帮人类耕种。”那么，到底什么才是最幸福的呢？人们说：“自尊之人才是世界上最幸福的人。”

自爱固然是无价的，自尊也是一种宝贵的精神。人生的纯洁和美好都像一阵烟云似的从整个世界上消失得荡然无存，这时候，你不要去责怪它们的脆弱，要提升个人的受尊重的价值，让自己能在一定的意义上学会尊重自我。

自尊是自己爱自己，爱身边的一切，懂得去欣赏自己的长处，做自己内心感觉遵循人生活规则的事情，宠爱自己。

懂得自尊的人，可以让自己的内心变得阳光明媚，他们会把美好的事物全新地展现在你的面前，让你有种受宠若惊的感觉，这就是自尊的人给人的印象。

生活中自尊的人很多，自尊的事情也是屡见不鲜。适时地懂得自己去尊重自己，把自己的内心想法完全地表达出来，能感知自己的行为正确与否。这样自己才能在真知中寻找到真正的自我。

成长时期，青少年要学会在点滴的生活中去尊重自己，维护自己的人格尊严，不允许别人有侮辱和歧视自己的心态。

做一个具有自尊心的人，让自己能够积极地履行个人对社会和他人应有的义务，为人处世上表现得光明磊落，对自己的工作有强烈的责任心，在学习方面，能够有自觉、刻苦的精神。这样，自己就能成为一个世界上最幸福的人。

幸福是在你我的手中把握的，有时幸福正如一根断了线的风筝，如果掌握不好，就会失去了风筝飞的意义，那样就不能给人们带来好心情。相同的道理，自尊也是一样的，只有懂得自尊的人，他的思想才是积极向上的，并且充满了希望的色彩，在他的人生调色板上也是别有一番风致的。

青少年要学会做一个世界上最幸福的人，把握住自己手中的那根人生之绳结，去追求人生最有价值的财富，去改变自我，使自己保持一种乐观的心态去面对生活。

要想成为世界上最幸福的人，青少年要把握好自己的未来，懂得尊重自己，改善自己，从自己做起，从一点一滴的小事中做起。

## 3 青春路上，与自尊同行

一个人是否有成就只有看他是否具有自尊心和自信心两个条件。

——苏格拉底

漫漫人生路，尊重自己与尊重别人是同等重要的，你只有在尊重自己的前提下，才能更好地学会去学习、生活，你才会承担生命给你的使命。150多年前，简·爱不卑不亢地对罗切斯特说过的那句话，直到现在依然拥有震撼的力量，如果每个人都能像她一样自尊自爱，必然会拥有真正的幸福。

让自尊与成长同行，施展自己的人生舞台，那样你才能学会真正地做人。

## § 自尊——保持自己的尊严

在这个纷繁复杂的社会，你会面临着各种各样的选择这时你要尊重自己，始终保持自信和昂扬的斗志，相信没有什么困难是克服不了的。怀才不遇，是因为别人没有发现自己的优点；找准突破口，蓄势待发，《封神榜》中姜子牙90岁而出将入相，辅佐周武王伐纣。古人尚且如此，我们凡夫俗子又何尝不能？不必苦苦折磨自己，是金子总会发光。青少年要用一种好的心态去面对生活带来的不幸，珍惜自己存在的价值。“唯有懂得尊重自己的价值的人，才能真正得到社会的尊重。”

自尊就是要随时注意自己的形象，学会保持自己的人格尊严，不卑不亢，战胜邪恶的歪理，与正义较量。

谢甫琴科是俄国著名诗人。他喜欢写诗，他的诗大都能反映对沙皇的反抗。有一天，沙皇特意召见他。文武百官和各使臣都向沙皇弯腰鞠躬致敬，只有谢甫琴科一个凛然站在一旁，沙皇大怒，认为每一个人都应该对他行礼。便问道：“你怎么不弯腰鞠躬？”谢甫琴科沉着回答：“不是我要见你，而是你要见我，如果我也像周围的这些人一样，在你面前深深弯腰，请问，那你怎么能看得清我呢？”

从这个事例中可以看出，谢甫琴科注意了个人的细节问题，不同流合污，保持了一个人最基本的尊严，维护了人生中最值得珍惜的东西。

青少年在生活中也要像谢甫琴科一样懂得适时维护自己做人的尊严。

生活中时时刻刻都需要我们学会尊重。尊重别人要从小事做起。对待每个人或者每件事，我们都要试着用爱的目光去观看，不带成见地对自己的同学，以诚相待，是对同学最起码的尊重，是纯真友谊的基础；

回到家时与父母长辈打声招呼是一种对长辈亲人的尊重，是对亲人辛勤养育最珍贵的抚慰；上课专心听讲是对老师辛勤劳动的尊重。一个不尊重他人的人，也绝不会得到别人的尊重。

尊重自己，就少了公共场所的大声喧哗，就少了大街上的招摇过市，就少了公园遍地的白色垃圾和倍受践踏的草地的呻吟，就少了许多许多不和谐的音符。虽说生活也少了一些色彩，但也多了一份庄重，多了一份尊严，更重要的是多了一份做人的原则。保持尊严，不仅是对自己的一份责任，也是你对这个社会，对你身边的每个人的责任。

尊重是一种需要，当你需要别人尊重时，首先你要尊重你自己，你存在着就有存在着的理由，也有存在的价值。当你认识到这一点时就要充满自信力，始终坚信别人可以做的事情你也可以做，别人做不了的事情你也能做。若是整天无事可做，虚度光阴，游戏人生，对不起自己，更对不起社会。我们应该从别人身上吸取养分，在别人身上看到自尊自信的力量。“会当凌绝顶，一览众山小”，尊重自己，实现自我，是一种人生的观念。

## § 成长与自尊同行

人可以不伟大，也可以不富有，但人不可以没有自尊。我们在任何时候，都没有理由放弃自己的人格尊严，勇敢地找到自我，就是扛起了我们人生的信念。自尊让我们富有信心，让我们成长，让我们知道学会了理解与关怀。懂得尊重自己，也让人学会尊重他人。

青春是一个人生的摇篮，你怎么确立它的方向，它就怎么与你生活。如果你善待了自己，学会自尊自爱，那么青春就会永远盘旋在你的左右。

自尊，青少年成长的保证。它能促使你勇敢地战胜自我，敢于面对自己的人生，直面生活中的各种挑战。挑战对你而言是无法阻挡的压力，但是自尊能战胜软弱的心，你要学会在挑战中把握住自己的青春。

自尊是成功的保证。对于青少年来说。都能学会自尊，把个人的美好品质表现得淋漓尽致，掌握住人生奋斗的方向，在生活中掌握自己的人生。做到了这些，你就成功了。

## 4 让自尊成为一种习惯

别抱怨别人不尊重你，要先问问自己是否尊重自己。

——马克思

成功是一种思维习惯和行为习惯，只有养成好习惯的人才会成功，人若不去了解自己，不养成一种好的习惯，可能一辈子也不会成功。即使成功也不会持久。让自尊成为人生中的一种习惯，把握住人生中的点点滴滴，将习惯带到你的生活中，你的生活将是灿烂无比的。

### § 美好习惯从自尊开始

所有的人都知道习惯是一种力量，但一般人所看到的往往是不好的一面，而看不到好的一面。习惯就像是一个性格极其残酷暴躁的君王，统治及强迫人们违背他们的意愿、欲望与爱好，甚至有时候让人们不由自主地为他做任何事情。

美好的习惯是一股强大的力量是看你是否能够如其他的自然力量一样，让它为人们提供服务，让人们更好地控制及利用。如果人们能够把这项结果控制成功，那么，人们就能支配自尊这种好的习惯，将不再做习惯的奴隶，使它替人们服务，再也不会一面抱怨，一面却要老老实实地服侍它。

鲁迅先生曾写道："地上本没有路，走的人多了便成了路"。走路的时候人们希望走出一条便捷之路，走出一条成功之路，只是有时用"便捷"换取的只是"曲径"，走上了"斜路"。而习惯何尝不是如此呢？每个人都希望形成一种优秀的好习惯，一种不需要克服人自身"惰性"的习惯，结果一如既往地还是"随性"的习惯，与"优秀习惯"相去甚远。可见，行路难，形成优秀的习惯也不易！只有用坚定的意志力才能击败人自身的"惰性"，最终才能形成改变人生的良好习惯。就像我们在生活中坚持每天运动，意志的努力就在无形中被消退，因为这已经形成一种习惯。可以说，习惯成就成功，更成就了我们的人生！

有一个跨国大企业贴出征人的广告，应征者有几千人之多，经过严格的考试后，只留下了三个人。并且由总裁亲自面试这三个人，在面试之前，这位总裁在他的办公室门口丢了一个垃圾。进来的第一个人，连看都没有看就进去面试了；第二个人进去后，虽然看到有垃圾，但还是不屑一顾地走了过去；最后第三个人进去时，他将这个垃圾捡起来放到了口袋，在面试时，总裁问他："为什么你要去捡那个垃圾呢？"他回答说："因为我平时就有这种习惯了。"尽管他的学历是最低的，可是他却因为平时自尊的好习惯，得到了这份工作。

看完上面这个故事，我们很容易地发现，自尊的习惯对一个人的成功有多么重要，无论是自己的事业、家庭或人际关系，在整个生活里，美好的习惯的的确确起着举足轻重的作用。就拿这个故事来说，拥有很高的学历可能一开始会被录取，但是日子久了，老板发现你并没有好的自尊的习惯，你也许会因此而被开除。所以，做人是否成功和学历的高低并没有太大的关联，学历低并不一定会失败，无论在什么地方，培养出一个良好的习惯，对我们来说都是有利而无害的。

故事中的这个人正是因为有自己的尊严，懂得尊重自己，也尊重了公司，最终才被录取了。这说明自尊是很重要的。

时时刻刻保持自己的自尊，在学习的过程中养成自己的好习惯，尊重自己，保护自己，在各方面对自己进行适当地调整，良好的自尊习惯就会由此形成了。

## § 自尊是慢慢养成的习惯

在我们的生活和工作中，没有自己对自己的尊重，怎么会有进步，怎么会有未来？拥有自尊，才会有好的人生，反之，不懂得尊重自己就会破坏我们的一生。有一个小男孩小时候从外面偷了一只羊回来，他的母亲不但不呵斥他，还夸他做得好，于是，小男孩一直偷东西，长大后成了惯偷，被警察抓获后，警察问他有什么心愿，他说想见母亲一面。人之常情，谁在落难时都想见一下亲人，可没想到的是他居然咬掉了母亲的耳朵，责怪母亲当初为何没有好好地教育他。

这个小男孩不懂得自己去尊重自己，在母亲的鼓励下养成了坏的习惯，才会落到如此下场，毁了自己的将来。自尊与否都是因为长期反复地做，才会成为生活中必不可少的一部分，改也未必能改掉。由此我们可以看出，做到自尊是不容忽视的。

小偷就是因为不知道自己的人生价值，不知道自己去尊重自己，觉得人生就是一种偷与被偷的世界，总是认为自己天生就是小偷，于是在无形中丢失了自尊。所以，青少年正处于鲜花盛开的季节，应该去懂得确立好自己的明天，将自己的人生规划好，规划自己美好的前程。

对青少年而言，养成自尊的好习惯必须要具有坚强的意志、不倒的毅力和强大的信念。如果因为一时的疲劳，而轻易放弃的人，是不会拥有自尊的。

自尊是人生中的一柄双刃剑，如果我们运用得当，它会帮助我们轻松地获得人生的快乐与成功；用得不好，它会使我们的一切努力都变得很费劲，甚至有可能会毁掉我们的一生。千里之行，始于足下，青少年应该用自尊去改变自我，因为自尊决定着人生！

### 轻轻地告诉你

习惯总是慢慢养成的，把自尊当成一种美好的习惯，把习惯归到自己的人生日程中，每天都去在生活中温习一遍，日复一日，习惯就在你的成长中自然养成了。

把自尊当成一种美好的习惯，适时地去改变自己的行为，尊重自己的选择，重视自己的人生价值，那么，自尊就在无形中成了人生中的巨大力量。

# 5 成长需要自尊——不要对不起自己

无论是别人在跟前或者自己单独的时候，都不要做一点卑劣的事情：最要紧的是自尊。

——毕达哥拉斯

青少年由于身心发育不成熟，经不起外界的诱惑，很容易受到一些不良之风的影响。因此青少年应该懂得磨炼自己的意志、优化自己的性格、培养自己的自尊自信心、陶冶自己的情操、严格自律抵制那些不正之风。不要做那些对不起自己，对不起父母的事，要做个对自己负责的，适应21世纪发展的新人类。

## § 在学习中去把握自尊

随着社会的发展，科学技术不断地跟进，网络不可阻挡地走进了我们的生活和学习中。也因此导致许多青少年迷恋网吧，热衷于上网，甚至深陷其中不能自拔。有关部门曾经做过调查，60%以上的青少年浏览过色情网站，还有不少青少年因迷恋网络游戏而荒废了学业。有的青少年为了上网，或受不健康网站内容的影响，竟然去偷、去抢，以致走上违法犯罪的道路。青少年时期是人生中最关键的时期，但是很多青少年却在生活中会迷失了自我，找不到自己前进的方向，不懂得自尊自爱。

当你迷恋在网吧、迪厅、吸烟、喝酒、赌博时，可曾想过自己的行为是否对得起自己？

很多人都懂得自己的人生意义，即使身残了但是志不残，凭着自己的做人自尊自爱，勇于在挫折面前战胜自我。

美国有位著名的女作家叫海伦·凯勒。她小的时候生了一场大病，以致导致她双目失明，耳朵也失去了听觉。在小海伦7岁时，父母为她请来了一位教师，帮助她学习。

海伦看不见，也听不见，但她并没有因此而自暴自弃，她求学的诚心感动了这位教师，所以这位教师想了一个办法：先拿一个洋娃娃给她玩，然后在她的手心上，写上洋娃娃这个词，这样海伦就知道什么叫洋娃娃了。因此，海伦很快就喜欢上这种学习方法。从此以后，海伦就用这个办法学习，一个一个地记单词，日积月累，她学会了不少的词。最终以一篇《假如给我三天的光明》闻名全球。

我们可能想象不到，海伦作为一个又聋又瞎的孩子，她要克服怎样的困难。但她不怕困难，她热爱学习，她要成为一个对自己负责、对得起自己的人，所以她才用惊人的毅力在学习、在生活，终于成为一个举世闻名的作家。海伦的学习经历震惊了很多人，正是因为她对学习的热爱，对自己的尊重，才使自己取得了成功的果实。

青少年在学习的时候，要学习海伦那样顽强地学习精神，尊重自己的人生，学会把自己每一天的学习任务都规划好，尊重自己的选择，对自己保持向前进取的决心。这样，自己将会对得起自己的人生，其人生也将是很完美的。

## § 自己要对得起自己

学习是一种生活的体验，几乎每一个人都经历过学习这个重要的阶段。学习的过程是一个艰辛的过程，但是说简单也是很简单的。青少年在学习的过程中，是对自己负责，对自己的明天负责，对自己的未来负责，这就是自己自尊的表现。在某种意义上讲，青少年其实就是学知识的时期，不应把那些乱七八糟的事情全都堆在自己的身上，占据自己大量的时间，而是应该扪心自问，自己该怎样去面对自己的学习上的困难。只有把学习作为一种成长的经历，才会产生学习的动力，激发自己的学习兴趣你的将来才会结出累累的硕果。同时也会让自己的生命因为不断地学习而变得更加重视自己，那样生活也变得格外地充实。

现在的青少年大部分都是独生子女，从小就是娇生惯养，基本上没有独立生活的能力，从而产生了一些奇异的想法，促使青少年走向不正确的人生道路。青春期问题诸如早恋、吸烟、酗酒、反叛、性意识提前等，这些问题有的是受身边人的影响，也有的是受电影、电视、网络中不良因素的影响。这些问题若处理不好，轻则会影响到身心健康、学习成绩，重则会影响到长远发展乃至一生。所以。作为青少年，一定要学会用知识打造自我，不断地用知识充实自己，做任何事情都应该多去考虑一下后果，学会凡事都要自尊自爱，对得起自己。

现代青少年的生活条件和学习条件都有了明显的提高，不必再“凿壁偷光”，更不必模仿“刺股悬梁”的做法，但古人那种勤奋好学的精神却值得我们好好学习。如今社会上是有很多对学习不利的影响，但是青少年只要拥有毅力，并且能在学会中不怕困难，做到自尊自爱，不半途而废，对得起自己。坚持长期刻苦学习，立志成才，就一定会成为对得起所有人的有用之才。

应该树立正确的人生观、价值观，让自己学会自尊，努力学习，使自己健康平稳地度过人生的成长期。

# 6 让自尊融入骨子里

一个人的自尊不是停留在表面，而是存在于骨子里。

——佚名

自尊是骨子里的，若骨子里没有，你怎么装都是装不出来的。

苏联作家别林斯基说：“自尊是一个灵魂中的伟大杠杆。”自尊是一个人生存的支柱，没有自尊的人如同一具行尸走肉，在世界上、在人们的心中都已不具任何意义。自尊是一个灵魂中不可或缺的东西，所以青少年要学会自尊，让自尊融入骨子里。

## § 你自尊，你最棒

一个人生活在这个世界上，没有人不希望自己是一个成功人士、最棒的人。但是每一个人都很清楚，成功是不容易实现的，所以很多的人都想找到一个成功的密码。这样，就可以很容易地达到自己的目标。然而很多人在寻找密码的过程当中，迷失了自己，忽视了自己的存在。其实，青少年不能像自由的小猫小鱼一样，对任何事情都三心二意，要学会做最好的自己，全力以赴自己的事情，学会在自尊中把握自己的人生航线

成功不需要大义凛然奔赴刑场的那种惊天地，也不需要义无反顾战死沙场的那种泣鬼神，更不需要舍己为人的那种撼日月的精神，它只是需要你好好表现自己，展现自己的真我风采，绽放自己生命的花朵。你

只需要做好你自己，就这么简单。

成功没有什么捷径，成功需要尽力而为，只有做最好的自己全力以赴，才能达到理想的彼岸。

春秋时期，齐国有位很著名的大相国，他就是晏婴。此人很有才干，但是他从来不因为别人的言行而改变自我，对自己的做人要求很高，很懂得尊重自己。从而也很受国君的赏识。他虽然地位很高，权力很大，却不讲做事的排场，生活也极为简朴。

一次，齐景公有事正好路过晏婴的房子，便去找他，这时却见晏婴的住宅矮小，地势低洼，环境嘈杂，于是就想给他换一处好房子。晏婴说，这是我父亲住过的地方。我德浅才疏，住这样的房子已是过分，哪能再换新居呢？齐景公见劝不动他，就趁他出使鲁国之机，自作主张为他扩建了住房。

晏婴回国后知道了此事，停车城郊不肯回家，直到齐景公答应恢复邻居和他的房屋，还原其房屋的旧貌才作罢。齐景公又派人给他送来了华车壮马，晏婴坚持不受，他说："我节衣缩食为了给百姓做表率，以免奢靡之风盛行。如果我们君臣都鲜衣良马，老百姓便会仿效而追求享乐，导致品行不端。那时再去禁止就很难了。所以我不能接受您的赏赐。"

由此可见，晏婴是多么地尊重自己。他一生保持朴素的生活作风，不接受任何贿赂，保持廉洁。这种自尊，自我保持风度的气节令我们敬佩。既然古人能做到如此对待自己，做一个成功的自己，令自己成为一个很棒的人，那么为什么我们不能呢？

自尊就是你在做每一件事情的时候，为自己想好以后的路，以后自己该做什么，不该做什么，做事情有什么重要的意义。

有些时候，只要自己认为自己做的事情是对的，就要全力以赴。要想成功，做个最棒的自己，首先就要明确自己的地位。自己到底想要的是什么？什么对自己最重要？在了解自己的基础上，做最好的自己。坚持自己的观点，不因别人的不看好或者反对而放弃自己最初的想法或行动，其实成功很简单，为自己的目标全力以赴，就可以达到你想要的。

作为一名青少年，你应该全力以赴地为学业而奋斗。虽然你在全力以赴的过程当中会经历许多顺境和逆境，无论在最后能不能成功，你都会因为全力以赴地付出而更加自信和快乐。因为你学会了把远大的理想变成具体的奋斗目标——做好每一件事，快乐地过好每一天。人们不能确定自己将来能否获得大部分人崇敬的名和利，但对于你自己而言，就是不断地做成功的自己，尊重自己。

## § 自尊，做最好的自己

对于这个世界而言，每一个人都是生活的一部分，就像世界上没有两个完全相同的叶子一样，每个人先天的潜力和自身的素质都不尽相同，而且对于自己后天的培养以及每个人自然形成的差异也是很大的。在这样的先天和后天的情况下，做到最好的自己，相信自己就是世界上最棒的人，就是一定意义上的最大成功。

无论自己遭受再多的磨难，自己仍旧相信自己是最好的，尊重自己的人生选择。如果你被自己击垮了，那么你将是一个违背自己内心的，不知道怎么去善待自己。

青少年大都处在学习的阶段，这时的你因为正是冉冉升起的朝阳，枝头的蓓蕾，所以在你把写出蓬勃的朝气的同时，要学会锻炼自我。不应该把自己当成温室里的花朵顾影自怜，应该让自己学会去判断事物，去增长对事物的认知能力。这样，你就可以自由地在人生这片天空中施展自我。

青少年做事情不能患得患失，要有勇气做应该做的事，也要有勇气改变可以改变的事情，更要有勇气接受这些事情可能带来的困难。但是，如果你相信自己，相信自己的决定是正确的，那么困难就一定会低于你的想象。你要学会不畏艰难的精神。一个能真正看清自己、面对自己的人，才能把握住自己，只有把握住了自己，才能把握住别的人和事，然后才能不断地超越自己，从而把握成功。

## 7 责任感与自尊

尽管责任有时使人厌烦，但不履行责任，只能是懦夫，不折不扣的，废物。

——[美] 刘易斯

大千世界，无奇不有。任何事情都存在着双重性。人的价值包含两方面的意义：一方面是个人对社会的责任与贡献；另一方面是社会对个人的尊重与满足。我们只有做到负责任、讲信用，才能赢得别人的信任与尊重。责任感可以养德，责任心更可以树德，我们在注重自身发展的同时乐于承担责任，才会赢得大家的尊重和支持。

责任是人的一生中最积极的生活态度，是珍重自己、关爱他人，热爱生活、创造未来的表现。具有责任感，我们便会积极地对待学习和生活，便会有勇气克服困难。反之，如果一个人没有责任感，那么即使他有再大的能耐，也不一定能做出好的成绩来。一个缺乏责任感的人，不会得到社会的认可，也不会得到别人的信任与尊重。

## § 自尊就等于有了责任

自尊就是在自己尊重自己的前提下去履行那一份属于自己的义务。义务不是相对的，而是绝对的。它是人类身上附有的责任表现。有了自尊，就等于有了自己的责任，无论你做什么事情，都要肩负自己的人生使命，尽到自己的责任。

有一位名人曾经说过这样一句话："放弃了自己对社会的责任，就意味着放弃了自身在这个社会中更好生存的机会。"如果放弃了承担责任，或者轻视自身的责任，就等于在成功的道路上自己设了障碍，最后绊倒的只能是自己。一个人哪怕没有一流的能力，但只要拥有责任感，拥有承担责任的勇气，同样也会赢得人们的尊重。青少年要做一名充满责任感的学生，就意味着不仅要完成自己的学习任务，而且要时时刻刻的为集体着想，只有这样，你才能够赢得大家的尊重。

一个人如果想迈进成功的大门，就必须拥有一张门票——责任。什么是责任呢？责任是指一个人愿意对自己的行为负责，是自觉对他人、集体、社会承担责任和履行义务的态度，责任心是由心底自发的一种自觉自愿的义务，表现在行动上就是集体的事我有责任去管，有义务去做，并且不做损害集体利益的事情。有时自身的发展和承担集体责任之间可能会产生冲突，青少年在发展自身的同时，绝不能无视集体的责任，置大家的利益于不顾。勇于承担集体的责任，为集体做贡献，这不但是青少年的使命，也是青少年自身发展所必须具备的。

一个中国人到瑞士访问，他在去洗手间时，听到隔壁小间里一直有一种奇特的响动。由于这响动声音过长，而且也过于奇特，因此不知不觉中引起了他的好奇心。

他很想搞清楚到底是什么声音，于是在好奇心的驱使下，他通过小门的缝隙向里探望。这一看使他惊叹不已。原来，小间里一个只有七八岁的小男孩正在修理马桶的冲刷设备。便上前问小男孩在干什么？一问才知道，原来是这个小男孩上完厕所以后，因为冲刷设备出了问题，没有把脏东西冲下去，因此他就一个人蹲在那里，千方百计地想把它修好。而当时他的父母，老师并不在身边。没有人强迫他一定要把它给修好。

这件事令这个人非常感慨：一个只有七八岁的小男孩，竟然有如此强烈的负责精神，实在令人佩服。因此，培养自己做人的责任感十分重要。一个人如果没有起码的责任感，就算他学的知识再多、再广，那么又能有什么用呢？

青少年在学习小男孩身上美德的同时，更应该用自己的行动来证明自己是充满责任心的。

## § 增加自己的责任感

每一个人都拥有责任感，因为它是人与生俱来的能力，而有些人却没有尽到自己的责任。托尔斯泰曾说过：“一个人若没有热情，他将一事无成，而热情的基点正是责任心。”责任心赋予你鞭策、激励、监督自己的力量。责任心是一个人能够立足于社会、获得成功事业与幸福家庭至关重要的人格品质。从这个意义上而言，责任心就是竞争力。谁都有机会成为成功者，这无关智慧和能力，而只要保持责任感。

梁启超曾说过这样几句话：“凡属我受过他的好处的人，我对这个人便有了责任。凡属我应该做的事，而且力量能够做到的，我对于这件事便有了责任，凡属于我自己打主意要做的一件事，便是自己对于自己加一层责任。”青少年应该向梁启超先生看齐，以梁启超先生为榜样，做一个有责任感的人。

作为一名青少年，应该在完成学业的同时，时刻保持自己的责任感，因为责任重于泰山。

青春时期保持自己的责任感十分重要，特别是青少年时期的学生。如果你有了一定的责任感，那么你的人生就会有一个很好的规划，那时，你也不会因为学习或是生活而愁眉不展。责任能带给你无穷的人生乐趣。

学会自尊，承担相应的责任，对你来说，世界将会是灿烂美好的。

## 8 努力把自己做好

人生就像是一出戏，不同的人在人生舞台上饰演不同的角色，有人活得精彩是因为他演的是自己，有人活得很累是因为他在演别人。青少年时期的你愿意怎么活呢？相信没有人愿意跟自己过不去。人生只有一次，要好好地活下去，你就是你自己，是控制你自己的真正主人。为什么要演别人呢？为什么要让别人牵着自己走呢？你的一生应该由自己做主。接受自己，做好自己，因为在这个世界上自己是独一无二的。

青少年不应该鄙薄自己，看低自己，因为那样等于是在自身上加锁，把自己锁在一个不见天日的牢笼里，不能出来。要打开这把锁救自己，唯有喜爱自己、接受自己，不要对自己妄加批评，就算自己有缺陷，也要超越自卑。十全十美的人并不存在，特定的个人在特定的方面都有不尽人意的地方，这种缺陷将导致一定程度的自卑。能够超越自卑的前提就是接受自己，包括自己的缺陷；如果不能接受自己，也就谈不上超越了。当你接受和喜爱自己时，你的所有潜力自然都被发挥出来，会高明得连自己都很惊奇。在人的生命中，一切都可以很完美，只要你照着正确的指导去做。

## § 接受自己，做好自己

成功是不能复制的，管理界不存在独特的、新颖的、简单易行的和无害的解决方案，这些方案告诉企业，他们可以不费吹灰之力获得成功。所谓的 ×× 管理模式仅应起到参考作用，不是企业真正需要的、严谨的、对所面临问题切实有效的解决方案。别人的经验只能是借鉴或仅仅是看看，借鉴不等于模仿，更不是复制，如果你去模仿的话，那就好比抛开你自己，活在别人的阴影里。

有一个女孩，她有个很棒的姐姐。这本来是值得高兴的一件事，却给她带来了更多的压力、无奈。她的肩上担起了家人对她的期待：爸爸妈妈经常拿出姐姐来把她们进行比较，亲戚、朋友也是这样。她感到好累、好辛苦，感到那样的生活是没有意义的，她想起了死，她说好累。

小女孩正处于美好的雨季、花季，本应该生活在快乐、梦幻的生活当中，但她却失去了属于女孩该有的快乐和天真。人活着才有希望，应该试着去改变自己的想法，放开自己的心扉：姐姐是姐姐，自己是自己，要把姐姐当作榜样、动力，而不是压力。这时，你就会发现自己的优点，发现自己并不是一无是处。

与宽恕别人同样重要的一件事——自己应当喜爱自己。只要我们喜爱自己，种种不如意事，都会很快就过去。人一旦接受自己，那么生命中的一切自然都会流畅。当好的一切自然来到时，我们根本不需要去特别奋斗。喜爱自己，接受自己的一切，就够我们一生受用不尽了。

接受自己是一种无条件地全面接受，包括自己的家庭背景、学习、能力、自己的身体素质等。接受自己和喜爱自己，会制造出一种安全感、自信心，故此能使我们福至心灵，万事得心应手。所以，“当下”我们就应该毫不迟疑地改变，立刻接受和喜爱自己。一旦真做到了，一定会有很好的成绩，而那些成绩，完全不是勉强得来的，而是自自然然发生的。

## § 做好自己，走好每一步

“我不是清心寡欲，不是眼高于顶；甚至我只是渺小卑微的一个生命。但是，有一点它很重要，甚至重愈生命：我就是我，宇宙中生命之海何其浩渺。然而，我就是我。”这是一句非常有哲理的话，包含着深厚的含义，那就是做好自己。

做好自己，忘掉过去，这是第一步。停止责怪，把过去甩到脑后。那些过去伤害过你的、对你不公平人或事，令你感到深深的痛楚，你知道那些糟糕的事都是谁的错吗？这所有的一切都只因为你束缚住了自己的心灵，活在过去里。

放开心扉，忘记过去吧！过去的已过去，“那是属于另一个国度的事情，而那些事也已经逝去了”。现在不应该再谈论那些过去的事情，因为它们已经无关紧要。对于过去的痛苦，你已经不能改变，既然不能再改变，那就不要再在上面花费精力了——你还有别的事情要做。生活继续，不会为任何事稍做停留，没有时间会等你舔好伤口再重新出发。时间的长跑竞赛，你要么一直趴着逃避，要么爬起来继续。无法改变过去，但你仍可以创造未来。所以，青少年应该把关注的焦点投入接下来的日子。

做自己想做的事，这是第二步。“我没有时间写东西”“我没空跳舞”“我无法与陌生人交谈”“我没有吸引力”其实，真是这样的吗？我们发达的头脑证明我们可以从无序或有序的事件中找出其中的规律，历史的规律、自身行为的规律、别人对自己规律。于是我们将这些规律侍奉起来，变得墨守成规。青少年应该改变这种想法，做自己想做的事，跳出限制。与其被未知给拒绝，也比悔恨自己错过了机会强，当然在做事的过程中，你的行动不能鲁莽。

找到心中的魔鬼，这是第三步。在我们的内心深处，常有那么一个微弱的声音，总是在脑后轻声地说：“你不行。”这个魔鬼占有了你，让你按照它说的每一句话去做。每当你有所向往的时候，你先会去听听这个魔鬼的意见，听听它会不会告诫你：“你无法拥有那个。”其实，你所没有意识到的是，这个魔鬼其实什么也不知道，它不过是个傻瓜，它只不过是一个学舌的鹦鹉，不断地对你重复它所听过的消极的想法，让你感到伤痛，让你心烦意乱。假如有个老师曾经对你说：“你什么成绩也无法取得。”这时，这个魔鬼就正在听着。它专门收集这样的话，留待以后对你重复。它并不清楚自己在说什么，它也并不在乎。所以，青少年必须把这个魔鬼从心中驱除。

对于每个青少年来说，都在驱除心中的魔鬼。你可以把它想象成一个你能够抓住的实在有形的样子，然后把它从你的身体里剥离出来。你可以做到。你以为你不能，但是事实告诉你：你可以。

# 下篇

# 拥有诚信的花环

# 第五章

## 完美的蜕变——诚信让你轻松赢得尊重

在成长的历程中，诚信是一种难能可贵的品质，它让你赢得更多人的尊重！

诚信是一个社会人与人之间互相信任的前提。孔子有一句话说得好：人无信不立。诚信对于个人来讲，是一个立世的准则。如果你能够在自己的成长历程中拥有诚信，那么你就会轻松赢得别人的尊重。

青少年必须懂得，诚信是一种人生的境界。诚实又是力量的一种象征，它显示着一个人的高度自重和内心的安全感与尊严感。

# 1 诚信是一切美德的基石

真诚才是人生最高的美德。

——乔叟

诚信，顾名而思义，指的就是诚实守信。诚实就是忠诚老实，不讲假话，不歪曲事实，不隐瞒自己的观点，光明磊落，处世实在。守信就是遵守诺言，讲信誉，重信用，履行自己应承担的义务，从而取得信任。诚实守信是真、善、美的统一，是一切美德的基石。

## § 诚信是一盏心灵之灯

在源远流长、丰富多彩的华夏文明长河中，诚信精神日积月累，演绎出无数可歌可泣的故事，形成深厚的文化底蕴。早在两千多年前，孔子就说过："人而无信，未知其可也。"

由此可见，诚信是人类一种具有普遍意义的美德。更加重要的是，在世界各国都有重视公民诚信教育的传统，流传着许多诚信教育和诚信做人的动人故事。

乔治·华盛顿从懂事起，就很崇拜英雄人物。他想当军人，父亲告诉他："只有诚实，大家才能团结，团结才能战胜敌人，成为勇敢的军人。"

父亲不光言传，还很注重身教。在父亲农场里，有一颗小樱桃树，那是父亲为纪念华盛顿的诞生而栽种的。小乔治一天天长大，小樱桃树也一年比一年高了。华盛顿一心想长大做一名威武的军人。有一次，他打算做一把小木枪把自己武装起来。他本想让父亲帮帮忙，可看到父亲成天忙于自己的工作，没有时间，于是决定自己动手做。小华盛顿拿起锯子、斧子，找了一棵容易砍倒的小树把它锯倒了。哪知道这棵树，就是父亲最心爱的那棵樱桃树，这下可闯了大祸。

父亲回来知道了这件事，大发脾气，质问是谁干的。华盛顿躲在屋子里非常害怕。他想了想还是勇敢地出来，走到他父亲面前，带着惭愧的神色说："爸爸，是我干的。""小家伙，你把我喜爱的樱桃树砍倒了，你不知道我会揍你吗？"

华盛顿见父亲气未消，回答说："爸爸，您不是说，要想当一个军人，首先就得有诚实的品质吗？我刚才告诉您的是一个事实呀。我没有撒谎。"

听儿子这么一说，父亲很有感触。他意识到孩子身上的优良品质，要比自己心爱的樱桃树还要珍贵。他一把抱住华盛顿，说："爸爸原谅你，孩子。承认错误是英雄行为，要比一千棵樱桃树还有价值。"

从这则故事中，我们明白，诚实守信是一种比任何东西都珍贵的品质，它在一个人的内心深处熠熠闪光。诚信，它能够驱散人们心中的阴暗，让你时刻都能获得更多的快乐；诚信，它能够赶走人们心中的恐惧，让你时刻做一个光明磊落的人。

诚信，让人们的心灵更高尚，也让世界变得更加美好。因此，作为青少年，你必须学会诚实守信。

## § 学会诚实守信

一个青少年如果不守诚信，那么，将会养成不诚实的坏习惯，将来走入社会也会跌跟头，这绝非是偶然，而是无数偶然中的必然。如果你不想让这些偶然的变数最终成为必然，那么，你就要学会诚实守信。

在日常生活当中，青少年一定要做到以诚待人，只有这样才能获得他人的信任。生活在他人的信任之中，会让人心境开阔，心情愉快，会有种成就感、满足感。时刻遵守以诚待人的原则，是做人最起码的要求。

学会诚信，就会懂得坚持信义，讲究信誉；学会诚信，就会懂得以义相交，以诚相待。有了诚信，就会多一份信义与坦诚，少一份虚情与假意；有了诚信，就会多一份信守与诚意，少一份口是与心非；有了诚信，就会多一份信誉与承诺，少一份弄虚与作假。

不管在什么时间、什么地点，青少年都不能忘记“诚信”二字。一次失“信”，二次失“心”，对于一个不讲诚信的人，别人怎么会尊重他呢？所以，青少年应该学会诚信，也应该领悟到诚信给人带来的心灵震撼，更应该学会和发扬诚信的精神。在你的一生中，只要你做到了诚信，人生将是完美的，你将是生活中的胜者，即使你地位低微，也会受到他人的尊重。

## 轻轻地告诉你

每一个青少年要想获得生命的皇冠，那就必须学会诚实守信，主动成为诚信的忠实卫士。我们无须埋怨世态炎凉，人心不古，因为美好的一切就在你我手中。

青少年学会诚实守信，将会在以后人生的道路上走得更顺、更远。当诚信不再是稀缺的资源，当诚信无处不在、无时不在的时候，人生就会变得更有意义。

# 2 诚信，人之本

诚者，天之道也；思诚者，人之道也。

——孟子

同在一片蓝天下，面对纷纷扰扰的大千世界，有一种美是无法用更多语言和色彩来表达的，那是一种精神，一种情操，更是一种境界，它有着独特的魅力，描绘着人类精神进步的画卷，那便是诚信。

## § 诚信，做人的原则

诚信，乃人之本，是做人的原则，更是一个人的灵魂。现在社会上处处讲诚信，企业要讲诚信，做人更要讲诚信。一旦说了就必须要做到，做不到的事情就不能轻易承诺。为人要诚实，不说假话，不欺骗；为人要守信用，不可随意反悔，许下的诺言一定要兑现。诚信，坦率无欺，真实无妄，言而有信，一诺千金。

北宋著名的文学家晏殊，是宋朝的大官。他7岁时就会写作文、写诗，14岁被推荐给皇上宋真宗。皇上让晏殊与其他人一同参加科举考试，考试的题目是诗、词、歌、赋，各以为官之道来写。晏殊看了题目后，知道这是自己平时练习过的题目，心想：如果这样做了，自己一定是状元了，但不能显示出自己的真才实学。所以他对考官说：“考官大人，这是我平时练习过的题目，我已经写得非常好了。要是我这样写了，就不能把我的知识和本领显示出来，所以我要求换题目。”考官听了，非常吃惊地说：“既然这是你练习过的题目，你应该好好珍惜才对，我只好启奏皇上，再行定夺。”

皇上知道了也很吃惊，就对晏殊说：“你如果另外考试，如果写不好，那你不伤心吗？”晏殊说：“假如我考不好，那只能怪我知识太浅薄，本领太低微，我无话可说，不会伤心的。”皇上听了晏殊的一番话，被他诚实的精神感动了，就另外出了考题给晏殊做。晏殊把这套题做得非常好，皇上看了晏殊改过试题后的文章赞不绝口，认为他不仅有真才实学，而且诚信可嘉，于是就让他直接担任皇太子的老师。此后还把他封为刑部侍郎，最后做了丞相。朝廷上下文武百官都向晏殊学习，当时晏殊成了全天下人学习的榜样。

直到今天，诚信依然是人们公认的做人的原则，是做人的一种品质。有人说诚信是人格魅力的一朵永开不败的鲜花，也有人说诚信是人格魅力之所在，它展示了人的分量及其追求的价值尺度，是健康人格的基本内核。与人交往，以诚为本，以信为要，这是最起码的。如果不讲诚信，那是很难构筑友谊之桥、疏通友爱之河的。古往今来，那些拥有诚信的人，都有着很高的威望和较好的口碑。美国前总统林肯办事公道，光明磊落，获得了“诚实的阿伯”这个保持终身的美名。

人的一生，可以没有金钱，也可以没有荣誉，但绝对不能没有诚信。“人，以诚为本，以信为天。”诚信让你和别人相处得更加融洽，让你的生活更加滋润，让你的人生更加丰富多彩。尽管如此，随着社会的进步，人们的生活水平也有所提高，依然出现了很多与时代并不相符的东西。有些人把物质上的东西看得越来越重，忽略了做人诚信的基本原则。在这些人的心中，财富永远是第一位的，诚信往往被认为一文不值。于是，做到“一诺千金”的人越来越少，取而代之是

"欺骗"，是"谎言"，这种名为"诚信"的东西正在被人遗忘。小到失约、撒谎，大到诈骗、贪污，走上了犯罪道路，一切都是因为没有做到诚信，诚信是人之本，没有诚信，便不会有人相信你。或许有人会认为偶尔的一次失信并无伤大雅。其实不然，时间一长，你心中的诚信会一点一点消失，最后沦落为一个骗子。这样便不仅仅是无伤大雅了。如果到那时，才认识到自己的错误，才想起改变自己在他人心目中的位置，殊不知已为时过晚，"不诚信"的帽子已经被你自己戴上，再也摘不下来了。

所以说，青少年朋友们要尤其注意，不要让金钱取代诚信，要时刻记得做人的原则。

## §诚信——人生之导航

诚信是做人的一种境界，它以大义和超越为精神的根基，是生活的真谛。有了它，才有了"君子一言，驷马难追"。它能超越人生的困苦失落和尔虞我诈，以追求真正意义上的自我人生价值为目标，没有一丝的虚伪和急功近利。

美国金融家罗塞尔·塞奇说："坚守信用是成大事者的最大关键。一个人要想赢得人家的信任，一定要下极大的决心，花费大量的时间，不断努力才能做到。"

或许你没有外表的美丽，但你不可以没有诚信，因为诚信会使我们的心灵世界变得五彩缤纷；或许你不能拥有物质的财富，但你不可以不拥有诚信，因为诚信是你精神上最宝贵的财富；或许你无法成为万人敬仰的伟人，但你不可以缺乏伟人所拥有的诚信，因为诚信将会使你承认自己的伟大。

"人无信不立"，人在社会中必须遵从一定的规则，否则就会失去立身之本。如果说人生是一匹野马，那么诚信就是驾驭野马的缰绳；如果说人生是迷路的孩子，那么诚信就是指引归途的月光；如果说人生是一杯清茶，那么诚信就是杯中的点点青绿；如果说人生是含苞待放的花朵，那么诚信就是清晨滋润的露珠。

诚信是人生的伴侣，是生命的灵魂，是人生的精神支柱。青少年要坚守诚信为本，让诚信成为自己人生的导航灯。

**轻轻地告诉你**

抛弃诚信，虚伪的面具将充斥生活的每个角落，生命变得生气全无，友谊之花会凋谢，亲情之果会陨落。撩起人们面前的五彩面纱，露出的是“君子”们的道貌岸然，变了形的丑陋的脸。没有诚信的人生犹如飞蛾扑火般脆弱，经不起风雨的打击，耐不住钱权的诱惑。

## 3 用真诚点燃心灵之火花

人际关系最重要的，莫过于真诚，而且要出自内心的真诚。

——三毛

人与人之间相处的基础是真诚。没有真诚就不可能有信任，心与心之间就会有一堵厚厚的墙，你防着我、我防着你，也就不可能有心灵的沟通、真诚的交往，人与人之间就会变成相互利用的关系，甚至是尔虞我诈，最终有可能成为仇敌。

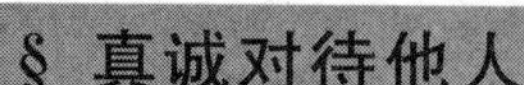

## § 真诚对待他人

人际交往中最有效、最大的技巧就是真诚。真正杰出的人士懂得用心待人，以真诚对人。只有真诚才能取得持久的效力，也只有真诚的人才是人际交往中的最终胜利者。深刻了解人性而又以真诚等人者，正是人际交往中的得益者。

春秋时代的晏婴，长不满六尺，却身相大国，名显诸侯，历任三朝的宰相。因为平日生活节俭，做事勤勉，深受国人推崇。在朝廷上，当国君问政于他时，他就直言不讳；若没问到他，他就正直地做事。司马迁称赞他说："进思尽忠，退思补过。"因为有好的操守和认真待人处世的态度，使晏婴成为历史上著名的贤臣。

在当时，有一位名叫越石父的士人，极富才华，却因案被囚禁在狱中。一日，晏子外出，在路上遇到他，马上解下车乘上的一匹马为他赎罪，载他回家。到家之后，晏子没有向越石父告辞就进入室内，很久后才出来见面。这时，越石父便要与晏婴断绝友谊，然后离去。

晏婴吃了一惊，慌忙地整理衣帽，向他道歉说："我虽没有仁德，但总也是解救了您的危难，为什么这么快就要离开呢？"越石父说："当我被囚禁时，是他们不了解我，而冤屈我，但您既然了解我而把我解救出来，就是知己。知己对我无礼，实在不如被囚禁啊！"

晏子听了，顿时醒悟，马上请他进去，并奉为上宾。越石父的方直与晏子的知人和勇于自省的真诚，使得后人传为佳话。

古今成大事者，无不具备智慧的头脑，娴熟的办事技巧。做人处世，是细水长流，日久见真章。正是由于他们的忠诚、真挚和坚持，成就了他们的志愿和为人所景仰的名声，也成就了齐家、治国、平天下的事业。一切的成就，正是从心中这一念真诚良善的因心开始，方可扩展成无边的善缘和福报。所以，孔子说："晏平仲善于人交，久而敬之。"待人处世若不认真、恳切，何以使人敬重佩服？

总而言之，"真诚"在人际交往中的光泽，并不会因为岁月的流逝、时代的变迁而减弱。在人际交往当中，真诚是相互信赖和友好交往的基础。真诚无私的品质能让一个外表毫无魅力的人增添很多内在的吸引力。只有真诚地去对待别人，才能够赢得别人的信赖，获得更多的理解，得到更多的支持、帮助和合作，从而获得更多的成功机遇，最终脱颖而出，点燃闪亮人生。

## § 用真诚点燃心灵的花朵

人与人相处贵在"真诚"二字，真实的、没有虚假的东西。有了真诚，就能化猜忌为理解；有了真诚，就可以化怀疑为信任；有了真诚，就可以化隔阂为融洽；有了真诚，就可以将愁容转为笑脸；有了真诚，社会也将会变得更加美好。

俗话说："种瓜得瓜，种豆得豆"。只有播种真诚，展现真实的自我，才会收获别人的真诚。因为人们无意识中在遵守"人际关系互惠"原则，你袒露真诚的程度，会得到相应的回报。有的人害怕自己的缺点被别人看到担心会影响自己在别人心中的形象。心理学研究表明：人们并不喜欢一个各方面都十分完美的人，而恰恰是一个各方面都表现优秀而又有一些小小缺点的人最受欢迎。所以你不用太在意自己的缺点，对这点要有足够的信心。

在青少年的生活中，免不了和别人打交道。无论是同龄人，还是年长的人；无论是熟悉的人，还是陌生人，无论是身边的人，还是和自己有着不同经历和生活习惯的人，青少年都需要用一颗真诚的心对待。心诚则灵，如果你真诚友善的对待他人，收到的也将是友好。就好像如果你把泥巴扔向他人，自己的手也会弄脏；如果你送给别人的是一束鲜花，自己也会闻到花香。因此，青少年应该用真诚对待他人，并向他人报以友好的态度和微笑。

真诚坦率是令人愉悦的一种品质。那些乐于付出的人，那些真诚坦率、光明磊落的人，没有人会不喜欢。一般说来，这些人都心胸宽广、慷慨大方、乐于助人。这些乐于付出者，必然会以自己的宽广胸怀和古道热肠获得他人的尊重和信任，收获人生最宝贵的一笔财富。

战国时期，吴起爱兵如子，深得士兵们的爱戴，有一次，一个刚入伍的小兵在战争中负了伤，因战地上缺少药品，只好待打完回到后方才可疗伤，这时，那位小兵的伤口已经化脓生疮。吴将军在巡查时发现了，二话没说蹲下身子，为小兵吮吸伤口。小兵见大将如此对待自己，感动地说不出话来。后来在一次战斗中，小兵舍身杀敌，最后拼死在杀场之上。

从这里可以看出，正因为将军如此对待士兵，士兵才个个愿意为他英勇奋战。可见，真诚地对待他人是青少年在寻求成功的过程中，必须遵守的一条基本准则。

其实，人与人之间多一份真诚、多一份信任，少一份猜疑和嫉妒，就会拥有许多许多的快乐和幸福。真诚是心灵最纯洁的花，是人生最美的果，是生命最动人的乐章，青少年要用真诚点燃心灵的火花。

人与人之间需要真诚。真诚犹如一张人生旅行的通行证，它是一种让人信赖的信物，它是一种让人怀念的信物，它是一种让人亲切的信物。

因为真诚，俞伯牙摔琴谢知音；因为真诚，梁山伯与祝英台谱写了流传千古的生死恋情。青少年朋友请记住：真诚对待他人，你才能得到他人的真诚。

## 4 一言既出，驷马难追

一个人严守诺言，比守卫他的财产更重要。

——莫里哀

“一言既出，驷马难追”这句话出自《论语》，意思是说，人一旦把话说出口，就一定要说话算数，不能再收回。这说明了一个人不管是做人还是做事，都要做到诚实守信。

### § 诚实守信，说到做到

做人必须言而有信。只有有了诚信，人才能在社会立足，才能使他人信服，才能得到别人的尊敬。言而有信是做人最起码的原则。

诚实守信，是为人之本。诚实是指忠诚老实，言行一致，表里如一；守信是指说话、办事讲信用，答应了别人的事，能认真履行诺言，说到做到。

守信之人，言不妄发，说到做到，不矜不伐。无信之人，事事皆假，人所厌弃，不如牛马。

战国时，秦国商鞅国王的支持下，准许变法革新，为了获得平民百姓的支持，商鞅在首都南门竖立了一根三丈长的木杆，贴出告示：“将木杆移置北门者，给予黄金三百两。”老百姓不知其中缘由底细，没有人敢去搬，一天后，商鞅增加赏额至一千两黄金。这时，一个胆大的人决心去搬这根木头。他费了半天工夫，累得满头大汗，终于将木杆移到了北门。商鞅当即指示，给他一千两黄金。这个消息很快传遍了秦国城乡，老百姓都认为商鞅言而有信，说出来的话必定能够实行。这样，商鞅即将推出的改革就有了良好的社会舆论基础。

诚实守信是做人的起码要求，是一个人立身处世之本，也是维系人与人关系的重要纽带。如果离开了诚实守信这一基本准则，人们之间的交往就很难延续下去，也就很难做到君子一言，驷马难追。

老子在《道德经》中说：“轻诺而寡信”，意思是轻易向别人承诺的人一定很少讲信用。老子这句话旨在强调说话要谨慎，处理大事更要认真。有些人不经过深思熟虑，轻易答应别人的要求，事后却做不到甚至忘得一干二净，这样的人怎么能有信用呢？所以对别人承诺时，一定要慎重斟酌，量力而行。

每个人做事都应有自己的原则，说到做到且说一不二，无论是大事小事都应该认真对待、诚实守信，如此才能得到别人的信赖。你的许诺价值千金，你必须慎重，如果你失信于人，即使理由极为充足，别人也会对你产生不信任，这会破坏你的形象，进而影响你的学习及工作。

诚信就如一张金名片，人只要诚实守信，有社会责任感；就一定会受到社会的尊重。人只有拥有诚信，才有望走上成功大道。

## § 信守承诺，通向成功

信守承诺，兑现承诺是人们的美德。信用是一种承诺，一种保证，一种真诚；信用是一诺千金，做人要信守承诺。

言而无信，就没有人相信他的话；言而有信，别人都会相信他。在现代社会，信用成为衡量一个人的基础。只有那些“有言有信”的人才能够得到别人信任，才能获得成功的基石。相反，那些“言而无信”之徒是怎么也不会得到别人信任的。从古至今，没有一项事业能够建立在无诚不信的沙滩之上。只有信守承诺才能最终通向成功。

有些人常常不负责任地许下种种诺言，却不遵守，结果给别人留下了不好的印象或造成了严重的后果。如果你答应别人做某件事情，那就必须办到，倘若你办不到，觉得得不偿失或不愿意去办，那就要提前拒绝别人，不要让别人对你抱有希望。你可以找一个好的借口去推辞，也可以说“我试试看”，如果你试了而没有做到，那么别人就会说你曾经做过，但失败了，而不会对你有所抱怨。

“信用仿佛一条细线，一旦断了，想要再接起来就是难上加难。”所以，青少年朋友，不妨从身边的小事做起，播种诚信，我们得到的绝不仅仅是朋友的信任，还有值得信赖的整个世界。

## 轻轻地告诉你

生活中养成信守承诺的好习惯，这看似简单，而做起来却非常困难。你只要稍有疏漏就可能无法做到。如果一个人的信用好，那么不论在生活上还是学习、工作上，能表现自己能力的机会就会很多。因为社会总是欢迎那些信守承诺的人。

# 5 因诚信而赢得尊重

对人以诚信，人不欺我；对事以诚信，事无不成。

——冯玉祥

诚信是一种美德，也是一种法律制度，更是一种行为方式。孟子曰："人之相识，贵在相知；人之相知，贵在知心。"人和人相处，最重要的是坦诚相见，对人讲诚信，这样你才能赢得别人的尊重和信任，别人也会乐于和你交往。

## § 以诚待人，讲究信用

一个人的诚信与赢得他人的诚信是永远成正比的。"己所不欲，勿施于人"想要别人诚信，首先要自己诚信，自己越诚信，就越能赢得他人的诚信回报。

我国明代大学问家宋濂，自小好学，但家里很穷，上不起学，也没钱买书，只好向人家借。每次借书，他都讲好期限，按时还书，从不违约，所以人们都乐意把书借给他。一次，他借到一本书，越读越爱不释手，便决定把它抄下来。可是还书的期限快到了，他只好连夜抄书。时值隆冬腊月，滴水成冰，他母亲说："孩子，都半夜了，这么寒冷，天亮再抄吧。人家又不是等着书看呢。"宋濂说："不管人家等不等这本书看，到了期限就要还，这是个信用问题，也是尊重别人的表现。如果说

话做事不讲信用，失信于人，怎么可能得到别人的尊重？”

还有一次，宋濂要去远方向一位著名学者请教问题，双方事先约好了见面日期。谁知出发那天下起了鹅毛大雪，宋濂挑起行李准备上路时，母亲惊讶地说：“这样的天气怎么能出远门呀？再说，老师那里早已大雪封山了，你这一件旧棉袄，也抵御不住深山的严寒啊。”宋濂说：“娘，今天不出发就会误了拜师的日子，失约就是对老师的不尊重啊。风雪再大，我都得上路。”

当宋濂到达老师家里时，老师感动地称赞道：“年轻人，守信好学，将来必有出息。”

为人诚恳，待人真诚，讲究信用，以诚信见信于人，这才是为人处世应当的道德原则。一个人没有诚信，何以才能在世上立足？谎言中不可能开出灿烂的鲜花，没有诚信就永远获得不了别人的尊重。诚信是万能定律，只有讲诚信才能与别人将心比心地沟通，交朋友时，谁都不希望对方是一个不讲诚信的人，如果一个人拥有诚信，那么，他就能够赢得尊敬，就能够为自己插上成功的翅膀，从而可以展翅翱翔。

有这样一句话：“做人不张扬，踏实稳重，才能赢得他人的尊重。很多东西，越简单越好。”的确，成功的原因就是这么简单，只要你坚守信用，你就一定会赢得他人的信用。即使一开始就会遇到阻碍，但应该相信，只要你坚持真诚待人，别人就一定会诚心诚意地对你，相信只要付出就一定会有回报。

## § 诚信，让人赢得尊重

只有拥有诚信，才能赢得信用，人生才可能最终走向成功。诚信是做人的根本，只有你拥有了诚信，别人才会用同样的真诚对待你。如果你对别人是虚情假意，那么你所拥有的一切地位、金钱、才华也不过是水中月、镜中花，因为你也终将在别人的哄骗中失掉一切。“诚信”是社会交往中双方的一种互动的过程，你诚就会有人信，你信他才会诚。

在与人相处时，我们只有时刻为别人着想，能遵守约定，才可能会有真心的朋友，反之，就一定不会有谁会在危难时候出来帮你。所以，做人做事一定要坚守信用，这样才会赢得他人的尊重，才会得到他人的帮助。

美国科学家本杰明·富兰克林曾经对一个青年人说过这样的话：千万要记住，信用就是谁若是被公认的一贯准时付钱的人，他就可以在任何时候、任何场合聚集起他的朋友们所用不着的所有的钱。借人的钱到了该还的时候就要做到一小时也不要多留，否则这样一次失信，你的朋友的钱袋，就会永远地向你关闭。

富兰克林在《对一个年轻商人的忠告》信中说过这样两句至理名言：“时间就是金钱”，“信誉也是金钱”。但是，如今熟知前一句的人不少，对后一句有人则不以为然。在交往中，常常遇见不守信用的情况：一个预先约好的朋友聚会，发起者并未发出取消的讯号就失约了；爽快地答应代办的事情，转过身去，便置之脑后，再不提起；到期该还的物品，到时却闭口不谈等。

诚信是一个人道德思想与道德行为的体现，诚信是一个人立身处世之根本，是人生立于不败之地的一个重要因素。作为青少年，只有做人做事讲诚信，才会为自己赢得一定的尊重，使自己更好地立足于这个社会。

中华民族历来强调一个“信”字，队友守信用的人倍加赞赏，对于不守信用的人倍加斥责，我们明白，在人与人之间的交往和共处过程

中，规定和秩序往往是靠守信来坚守的。人际交往中，如果仅仅停留在口头上的赞许、许诺而不守信用，就不会有良好的人际关系。

# 6 诚信，无愧于心

诚信乃是一种和谐，正如健康、和善与神一样。

——毕达哥拉斯

在中国上下五千年的历史长河中，诚信一直深受人们的爱戴，随波逐流至今。波涛汹涌的历史长河淘汰了多少个朝代淹没了多少历史能人的丰功伟绩，却始终无法把诚信“挤”出历史的舞台。相反，诚信永远在历史长河的浪尖，紧紧地把握社会的运转和前进的命运。

## § 诚信，生命的智慧

诚信，是中华民族的优良传统。纵观历史长河，晋文公以信安民，不战而胜；商鞅立木为信，国富民强；曹操割发代首，终成霸业；欧阳修诚实为本，流芳百世……诚信的人常能收获美好，而背信弃义者呢？周幽王烽火戏诸侯，落得国破朝灭；秦桧“莫须有”陷害忠良，遗臭万年；贪官污吏得逞一时，终究难逃法网……这一切的一切无不验证了苏轼的那句话：“天不容伪”。

春秋时期，吴国有一位有名的公子，名叫季札，德才兼备，誉满天下，人称“延陵季子”。有一次，他奉命出使北方各国，途中刚好路过

徐国，于是就顺便拜访了徐国的国君。席间，徐君看到季札腰间的宝剑，欣赏不已。季札考虑到自己还要出使别的国家，而佩剑是使者的必备之物，不能送人，当时就没有表态，但他在心里默默地许下诺言：等到完成了出使别国的任务后，一定要把自己佩带的宝剑送给徐君。但没想到的是，一年以后，等他完成出使任务回国时，又经过徐国，他想把那把宝剑送给徐君，可是徐君却已经去世了。季札十分惋惜，他来到徐君的墓前，默默地把自己腰间的宝剑解了下来并挂在了徐君墓前的那棵松树上，完成了自己心中的约定。这时，跟随他的侍从很是不理解他的这种做法，便问其原因。季札说道："当初，我知道徐君非常喜爱我的这把宝剑，于是我就在心里默默许下诺言，一定要把宝剑送给他。现在，虽然他去世了，但我也不能因此而失去信用，有愧于自己的心。"在场的所有人听后，都为季札的做法而感慨。

这正所谓"春秋一柄延陵剑，千古诚信说到今"。季札以剑践约，他践的是自己与自己的约定，是自己曾经默默许下的一个诺言，兑现了他心中默默许给徐君的那个承诺。尽管那个承诺并没有用言语说出来，但他最终还是舍掉自己的宝剑而换取了最宝贵的诚信，为的是无愧于天，无愧于心。他这样做，并不是害怕遭受他人指责而不得不讲信用，而是一种发自内心的真诚，也就是诚信。

诚信是一种人生觉悟，是面对宇宙万物沉甸甸的责任；诚信是一种人生态度，有了它，你才能把握住人生的航船，安然度过一个个急流险滩；诚信是一种人生境界，一种以大气和超逸为精神基础的里程碑，一种高层次的生命体验，超越人生的失落与苦难，超越可悲的急功近利与实用主义，从而实现真正意义的自我追求。它是一种风度，一种优雅，一种气概，一种修养，是一种不构成任何情感伤害的包容与理解，是一份无言的潇洒与美丽，更是一种生命的智慧与体验。

## § 诚信，无愧手心的选择

历史的年轮滚滚而来，走入21世纪。青少年朋友也不难发现，在我们的社会中，在我们的校园中，诚信仿佛已经不存在了，诚信的精神也并没有保留太多。环顾一下校园，明显可以发现有很多关于诚信的问题。小到捏造实验数据，大到考试舞弊抄袭。其实，这已经不仅仅是学习上的问题，更从中反映出了一个人的思想道德问题。

大教育家陶行知先生是大家耳熟能详的一个人物。一次，他的次子想进成都某一无线电修造厂，却没有文凭。于是，便写信给一位中学副校长，从校长那里要了一张中等学校的毕业证书。陶行知先生得知此事后，立即发电报让儿子把证书寄回去，并写了一封家书告诉儿子“宁为真白丁，不做假秀才”，真学问是靠自己的勤奋得来的。的确，“宁为真白丁，不做假秀才”，这句话充满了智慧。证书学位是很重要，但也绝对不能丢掉诚信精神。仔细想一想，我们不能为了一纸证书，一张体面的成绩单，就舍弃我们最宝贵的诚信精神，舍弃无愧于心的选择，舍弃我们做人的最重要品格。

古往今来，诚信的品格一直都被推行，贤者们把诚信作为为人处世的准则。为了诚信，尾生葬身于无情的洪涛激流；为了诚信，荆轲唱起了凄凉的易水悲歌。怀诚心，是为真；将信用，此为善；既诚且信，即为美。所以说，“诚信”这两个字，凝聚了人性的真善美，是我们无愧于心的选择，是人类亘古不变的追求。

诚信教会人们如何求真，教导人们如何求善，让人们的精神更加美好。遥望过去，或许你还能够看到延陵季子悬挂的那把宝剑；静静聆听，耳畔仿佛还回响着陶行知先生给人们的谆谆教诲。

青少年朋友，诚信不单单是在校园中。在你走出校园的那一刻，不能够只带走知识而遗忘诚信。诚信，不单单是在求学的道路上，行走在人生的大道上，务必要把诚信扎根于自己的心灵，让诚信的种子的心中生根发芽并茁壮成长，从而开出灵魂深处最美丽的花朵。总而言之，不管你在什么地方，处在什么样的境况中，诚信始终都应该是你最无愧于心的选择。

诚信是一个永恒的话题，小到生活琐事，大到社会乃至整个国家都需要它来维持。青少年作为21世纪的掌门人，一定要把诚信作为人生的准则，呼吁诚信，让诚信之花永不凋谢。

# 7 以诚待人

与人以实，虽疏必密；与人以虚，虽戚必疏。

——韩婴

生活中，你对人真诚，别人也会真诚待你；你敬人一尺，别人自会敬你一丈。交往中，以诚待人，处世之智慧所在。以诚待人，以诚为本，真心真意，诚实无欺，是修身与做人的一项基本原则。

## § 让人生多一分真诚

所谓真诚，是指真实诚恳，没有一点虚假。真诚是一个人最基本的品质之一，是维系人与人之间内心深处的感情纽带和桥梁。在生活中，我们常常会说某人挺虚伪的，意思就是说这个人待人不真诚。要不就是常常摆出一副真诚的样子，但并没有诚心诚意去对待别人，要不就是说一套做二套。

随着时间的推移，这样的人会慢慢地被人疏远，如果还有人与他交往，也不能得到别人的真诚对待。因为一个不以真诚待人的人，便不会得到他人的真诚。所以，就算这样的人还有朋友，也不过是一些同样以虚伪来对待他的朋友而已。事实上，如果我们付出真诚，也一定会得到真诚的回报。

在柴可夫斯基亲自指挥他精心创作的《第四交响乐》的首场演出上，他那热情奔放、飞荡飘逸的指挥棒调动起了整个乐队的激情，深沉动人的乐曲在整个大厅里回荡。作曲家在乐谱封面上亲笔题签："献给我最好的朋友！"这最好的朋友指的是谁呢？在全场观众中，只有一个人知道，那就是沉浸在乐曲中的梅克夫人。她今天是冒着莫斯科隆冬寒夜的风雪，抱病来观看演出的。梅克夫人是一位很富有而又有很高音乐修养的寡妇。她非常喜欢柴可夫斯基的作品，也深深爱着这位才华出众的作曲家，常常慷慨资助他。但他们除了在信中交谈对音乐的见解或在音乐会上相见外，几乎没有私下来往过。有一次，他们偶遇街头，也只是羞涩地互相点了点头。可是，在他们的心中，却都怀着对对方的真挚情谊。这样的友谊，他们保持多年。后来，柴可夫斯基为了表示对梅克夫人的感激和敬慕的心意，创作了《第四交响乐》献给梅克夫人——他的音乐上的知音和经济上的资助者。半月后，梅克夫人写信给作曲家："在你的音乐中，我听到了我自己……我们简直是一个人。"

人与人的感情交流具有互异性。融洽的感情是心的交流。肝胆相照，赤诚相见，才会心心相印。岁月的流逝，时代的变迁，并没有减弱

“真诚”在友谊宫殿中的光泽。相反，对于社会的进步，人们给“真诚”又增添了熠熠光彩。

离开了真诚，则无所谓友谊可言。一个真诚人的心声，才能唤起一大群真诚人的共鸣。“投之以木桃，报之以琼瑶。”青少年的生活中应充满真诚，青少年应做到以诚待人。

人生多了一份真诚，就多了一份坦率，真诚让我们的心灵澄清如镜，清新如洗；真诚让我们的生命鲜活亮丽，充实富有。缺乏真诚的人生，是一种苍白的人生，是一种迷失的人生，是一种畸形的人生，是一种丧失人性的人生。只有真诚的爱才能抚慰那些孤寂失望的心灵，只有真诚的帮助和关怀才能使那些身陷困境的人获得他们渴望到的力量，也只有真诚才能感动那些已然冷漠的心。

## § 以诚待人，完善人格

在生活中，竭诚帮助身边需要帮助的人，对每一个人所说的每一句话、做的每一件事，都发自我们真诚的内心，这就是我们所说的真诚待人接物了。

也许有人会说，自己在生活中就是以一颗真诚之心来对待每一个人，来做每一件事的。但结果却是自己的真诚得不到别人真诚的回报，因而总是会伤心失望。这种情况也许是每个人在生活中都会遇到的。这时青少年要坚信的是，在这个社会中，像自己一样真诚待人接物的人一定是大多数，并且会越来越多。因为真诚是人存身于这个社会最宝贵的心灵之花。

在现如今这个千变万化的社会中，每个青少年都要面临适应新环境的问题。但是，不管环境怎么变化，面对大千世界，青少年只要抱定以诚待人，以德服人的态度来与人相处，就不会活得太累，正所谓以不变应万变，就是对顽固不化的人，也要以诚相待来使他受到感化，因为“精诚所至，金石为开”。

世界上的每个人都有自己的生存空间，都不是孤立存在的，它是摩肩接踵，拥挤不堪的，避免不了与人接触。因此，在与人相处时，就得以诚待人、以德服人，相互照应；尊重他人的处事方式、生活习惯；与人方便与自己方便，寻求和谐，以此创造出良好的生存环境。人生当中，如果每个人都拥有一个大的心理空间，尊重他人、待人真诚，那么，这个社会就会减少许多碰撞和摩擦。

以诚待人，并不是为了要别人也以真诚回报，如果动机是以自己的真诚换回别人的真诚，这本身就不够真诚。真诚是晶莹透明的，她不应该含有任何杂质，真诚为人，你将是出类拔萃的；真诚为人，你将是超凡脱俗的。一个真诚的人必定有一颗透明的心，值得交往和信任。真诚容纳了人间的真、善、美，象征着春天和希望。真诚是一种睿智，真诚是一种富有。有了真诚的光辉，高尚的人格更加光华四射，美丽的心灵更加溢彩流光。

作为新时代的青少年要始终明白：以诚待人，才会使自己拥有更多的朋友；以诚待人，才会赢得别人的尊重；以诚待人，才会堂堂正正地做人；以诚待人，才会使自己感觉到生活的美好。青少年朋友要时刻以诚待人，为自己以后的人生奠定良好的基础。

### 轻轻地告诉你

在这个社会上，青少年应该用一颗包容的心去对待每一件事。你尊敬别人，对人真诚，别人也会用一颗真诚的心对待你。就仿佛你站在一面镜子前，你对他怒，他也对你怒，你对他笑，他同样也会对你笑。以诚待人，就像是为自己植一棵树，给世界一片绿荫，给人心一片清凉。

# 8 人生之舟，诚信为舵

信用既是无形的力量，也是无形的财富。

——松下幸之助

诚信是做人的根本，更是一个人成就事业的根基。讲诚信对于青少年来说更为重要。青少年阶段是塑造人格品质的关键时期，只有在日常生活中，做到实事求是，对人真诚无欺，在学习上更不能虚度浪费时间，总之要从生活中每件点滴的小事起，做到说实话，做实事，学实本事，为将来的人生道路打下坚实的基础。

## § 诚信做人，完善自己

一个人一旦失去诚信，在交际上会失去朋友，在商业场上会失去顾客，而最终会一无所获。诚信是民族的美德，人际交往的准则，也是人生的通行证。

李嘉诚传奇的人生，可能被青少年所熟知，他也是不少孩子心中学习的对象。李嘉诚从一名穷困的打工仔到华人超级富豪，靠得就是一个“诚”字，他常说：“你必须以诚待人，别人才会以诚相报。”他的成功秘诀就是：“信誉第一，以诚相待，除此之外，别无他法。”

李嘉诚在创业初期资金极为有限，一次，一位外商希望大量订货，但他提出需要富裕的厂商作保。李嘉诚白手起家，没有背景，他跑了好几天，仍一无所获，只好如实相告，自己一没人担保，二没有资金，但自己有技术。外商感觉到李嘉诚为人诚实可靠，以诚相待，令人信赖，答应无须担保就签了合同，还预付了货款。于是，李嘉诚既解决了公司扩充生产能力的燃眉之急，也赚到了一笔数目可观的钱。他说："一个有信用的人比起一个没有信用、懒散、乱花钱、不求上进的人，必有更多机会。当你建立了良好的信誉后，成功、利润便会随后而至。"

人这一生，可以说只做了两件事，一是做人，二是做事，无论是做人还是做事，都离不开诚实守信这一基本原则。诚信，是道德规范的重要内容，是做人之本、做事之根，还是朋友间相互信任的基石。一个人说话实实在在，说到做到，就会使人产生信任感，愿意同他交往、合作。相反，轻诺寡信，一而再地自食其言，必然要引起人们的猜疑和不满。与人相处，只有做到真诚、真心、真情，才能收获友谊。朋友间长久的友谊不是靠利益来维系的，靠的是与人的诚信。所谓"我对人诚，人对我信"，诚信是对彼此的尊重和信赖。

青少年阶段是为自己以后发展打基础的时机，只有做到诚恳老实，有信无欺，才能形成完备的自我。只有具备了高尚的人格，才能适应竞争激烈的社会，发挥出自己的潜能，实现自我人生的价值。青少年能否树立诚实做人的良好品质，关系到自己的人格，为人处世的原则，影响到自己的一生。

如果成功是一棵茂密的大树，那么努力奋斗就是坚实的树根；如果机会是绵延的山脉，那么执着追求就是座座高山；如果人生是一叶小舟，诚信就是船帆。诚信做人，最终获得成功的是自己。

## § 扬起诚信之帆

诚信是青少年所应具备的基本素养。然而，近些年来，随着市场经济的冲击、涤荡，在这个充满金钱物质诱惑的世界面前，人们原本坦诚纯净的目光开始变异，或迷惘、或贪婪、或狡诈虚伪。原本真诚待人，实在做事，敬业勤奋的人被称为缺心眼的痴子、傻帽、窝囊废。在受到不平的遭遇后，也变得说假话、编瞎话及哄骗、蒙骗、诱骗、诈骗、拐骗等欺骗行为，商场假货泛滥，官场形式主义、浮夸风屡禁不止，民间坑蒙拐骗也随处可见。我们发现，诚信在消退，拜金在滋长，利益取代了美德，诚信让位于欺诈。而这也在无形中侵蚀着洁净的校园，影响着青少年做人的准则。

现在的学生考试作弊已经是一种很普遍的现象，而且作弊者队伍越来越庞大，手段也越来越高明，有不少学习好的青少年以赚钱、盈利为目的为他人做枪手；在教师节或传统节日给老师送点儿东西很正常，但现在学校里却出现了这样的现象：开学第一天，就有学生带着大包小包直奔老师办公室，理由是老师以后费心了，有的含混不清地表示“请老师多多关照”，还有的直接表示“老师，能不能让我当个干部？”更为严重的是在对某中学420名学生调查，有近一半的人缺乏对他人的足够信任感和安全感，这些学生宁愿沉迷网络虚拟世界，也不愿与他人交往，缺失诚信使人际关系淡漠。

青少年是祖国的未来，肩负历史的使命。青少年阶段也是学知识、长身体的关键时期，可如果养成打架、闹事、逃学、照抄作业的习惯，为了自己的利益不择手段，最后还编造出一大堆理由来蒙骗老师和家长，这样便无法安下心来为日后的发展打基础。

曾有人说“如果你失去了金钱，你只失去了小半；如果你失去了健康，那么你就失去了一半；如果你失去了诚信，那么你就会一贫如洗。”诚信是一个人的名片，是人打开成功大门的一把金钥匙。

青少年朋友们，在我们的生活中，有一片最广阔的海洋等待着我们。我们要乘着人生之舟，扬起诚信之帆，在这片海洋中乘风破浪，勇往直前。

诚信是人的根，生存的根，生活的根，工作的根，事业的根。诚实的人会赢得友谊、信任、钦佩和尊重。青少年只有养成讲真话、不欺骗、诚恳对人、说到做到的品德，才能在飞速发展的社会上立稳脚跟，成就一番事业。

因为诚信，人生奋斗的乐趣就昭然若揭；因为诚信，人际交往的快乐就纷至沓来。

## 9 诚实让你赢得信任

生命不可能从谎言中开出灿烂的鲜花。

——海涅

在这个世界上，诚实是一缕阳光，它能够照亮人与人之间的心灵。诚实是沟通人与人之间的桥梁，它是彰显灵魂的美德之花，它更是人生的一种境界。

同时，诚实又是一种人格力量。它的魅力在于，不说假话、大话，以诚待人，以心感人。诚实对于青少年来说是一种呼唤，一种启迪，它不需要华丽的辞藻来修饰，不需要甜言蜜语的遮掩，它是生命的原汁原味，它是天地间的一种本真和自然。

## § 诚实，赢得他人信任

生活中，诚实很重要，和做正确的事情是同等重要的。不管是什么时候，也不论是在什么样的情况下，诚实都能让你赢得他人的尊重和信任。

从前，有一位贤明而受人爱戴的国王，把国家治理得井井有条，人民安居乐业。国王的年纪在逐渐增大，但膝下并无子女，这件事令国王非常伤心。终于他下了决定，在全国范围内挑选了一个孩子作为自己的义子，培养成自己的接班人。

国王选子的标准非常独特：给孩子们每个人一些花种子，宣布如果有人用这些种子培育出最美丽的花朵，那么，这个人就可以成为他的义子。当孩子们领回种子以后，就开始进行精心地培育，从早到晚，浇水、施肥、松土，谁都希望自己能够成为幸运者。

有个叫雄日的男孩，也整天精心地培育花种。然而，十天过去了，半个月过去了，一个月过去了，花盆里的种子却连芽都没有冒出来，更别提它开花了。忧虑的雄日只好去请教母亲，母亲提出建议让他把土换一换，然而仍然不起作用，母子俩束手无策。

国王决定的观花日子终于来到了。无数个穿着漂亮衣裳的孩子涌上街头，他们各自捧着盛开鲜花的花盆，用一种期盼的目光看着缓缓巡视的国王。国王环视着争奇斗艳的花朵与精神振奋的孩子们，并无像大家想象中的那般高兴。

这时，国王看见了端着空花盆的雄日无精打采地站在那里，眼角还流着泪花，国王把他叫到眼前，问他：“你为何端着空花盆呢？”

雄日哭着描述道，无论他如何精心摆弄，花种怎么也不发芽。还说，他想这是报应，因为他曾经在别人的花园中偷吃过一个苹果。没想到国王的脸上露出了最开心的笑容，他把雄日抱了起来，高声说："孩子，我找的就是你！"

"为何是这样呢？"大家不解地问国王。

国王回答道："我所发下的花种全部都是煮过的，根本就不可能发芽开花。"

这时，捧着鲜花的孩子们都低下了头，他们全部都另播下了种子。

原来，孩子们得到的花种都已经被蒸过，根本就不会发芽。像这次的测试显然不是为了发现最好的花匠，而是选出了最诚实的孩子。

由此可知，诚实的人生才是最美好的，才是最快乐的。诚实是人生的命脉，是一切价值的根基。即使在"荣誉"和"真实"之间发生矛盾，只能选择其一的时候，青少年也应该抛弃前者，保持自身高尚的人格和品德。

诚实是一种美好的品德。巴尔扎克说过："一清如水的生活，诚实不欺的性格，无论在哪个阶层里，即使心术最坏的人也会对之肃然起敬。"

《墨子·修身》中也说道："志强智达，言信行果"，只有言而有信，说到做到，才能得到别人的信任和支持。诚实是金，也是做人的基本。只有人与人之间以诚相待，才能得到别人的信赖和尊敬。

## § 诚实，让人生更美好

诚实是指在自己和别人面前问心无愧。诚实也是对于一个人的正确角色、行为和恰当的人际交往的一种意识。如果一个人拥有诚实的品质，那么就不会虚伪和做作，不会使别人产生迷惑和不信任感。诚实有

助于形成完整统一的生活，因为诚实的内在与外在自我是完全一致如同镜子的效果。

诚实，会受到人们的赞美。1922年6月的一天，美国印第安纳州的洛威尔·爱立特在他的农场里干活，忽然发现了一个装有50万美元的箱子。这是一个劫机者在抢得这笔钱后，在印第安纳州跳伞时，把这个箱子掉到地上，正好落在爱立特的农场。爱立特面对这笔天上掉下来的意外之财没有动心，而是毫不犹豫地把它交给了当地警察局。

诚实，会给人们带来好运。1936年，美国佐治亚州州长尤金·塔木访问该州逃犯监狱，他在监狱管理人员的陪同下，穿过牢狱走廊时，询问了每个犯人："你有罪吗？"他所听见的只是犯人们的断然回答："我没有罪。"但州长走近哈维和史密斯的牢房时，这两个犯人却毫不犹豫地承认自己有罪，应该受到惩罚。哈维和史密斯持枪抢劫，却因一句坦白有罪的话得到州长的赦免。州长事后解释了他这么做的原因："一颗诚实的心永远不该与一群谎言家在一起。"

一个诚实的人，不论他有多少缺点，同他接触时，心神都会感到非常清爽。这样的人，一定能找到幸福，在事业上有所成就，这是因为他以诚待人，别人也会以诚相见。

在生活中，唯有诚实的人，才会生活得最美；唯有诚实的人，才会受人尊敬；唯有诚实的人，才能赢得他人的信任。因此，青少年在为人处世中一定要做到诚实，只有这样，才能让自己的人生之路更加美好。

## 轻轻地告诉你

诚实就是说你所想，做你所说，这就是言行一致，心口如一。这种融洽给人以清晰的感觉，树立良好的典范。如果口是心非、表里不一，就会产生人与人之间的隔阂和障碍，造成彼此不愿意被对方接近。有人常认为"我是很诚实的，可没人理解我。"那不是诚实。诚

实就像一块无瑕的钻石那般鲜明，无法隐藏。诚实的价值体现在人的行为之中。

## 10 诚信与青春同行

诚信为人之本也！诚信比金钱更具有吸引力，比美貌更具有可靠性，比荣誉更具有实效性！

——鲁迅

“人无信不诚，民无信不立，国无信不兴。”诚信作为立国之本，是中华民族的宝贵财富，也是个人完备人格的必备品质，是一个人做学问、长才干、谋事业的根本。

### § 诚信，做人基准

诚信是做人的基本原则。诚实守信，是人的立身之本、处世之道和待人之德。诚信这种社会公德，是任何一个人都应遵守的道德，更是青少年正确的人生坐标。

从前有一个年轻人，在他的人生路上已经拥有了“健康”“美貌”“诚信”“机敏”“才学”“金钱”“荣誉”七个背囊。他走到了一个渡口上了渡船，不知道过了多久突然风起浪涌，小船开始上下颠簸起来，不由让他目瞪口呆。这时候，艄公说：“船小负载重，只要丢弃一个背囊就可以平安无事。”年轻人看了看自己的背囊，哪一个都不舍得丢。艄公又说："有弃有取，有失有得"。年轻人想了一会儿，就把"诚信"的背囊抛进了水里。

到了对岸，艄公语重心长地说："年轻人，我们来约定一下：在你以后的人生路上，当你不得意时，就可以回来找我。"年轻人漫不经心地答应了，他甚至在笑艄公，自己怎么会有不得意的时候呢？自己只是丢了一个背囊而已，还有六个，足矣，于是他大踏步离去了。

年轻人靠着金钱和才学拥有了自己的事业；凭着荣誉和机敏，他在商界战无不胜；健康和美貌更是让他春风得意，娶得如花美妻。他早已经忘记了摆渡的艄公。

当他步入中年的时候，总是会在梦里惊醒，一天夜里他又醒了，不过是被电话铃声叫醒了，电话那头传来惊恐的声音，他的生意出问题了。他颤抖着双手，放下了电话，一直以来，他都在欺骗着所有的人，他多次将商品以次充好，他承包的建筑全是豆腐渣工程；他依靠着荣誉和才能，劝说身边所有人投资于他，却把资金用于贩卖毒品和军火走私；他出入高楼大厦，天天酒池肉林，热衷于夜生活，他的健康和美貌悄然飞逝；他一掷千金，豪赌无度，他背负妻子，频频外遇。

结果事情败露了，在一夜之间他失去了所有的荣誉、金钱、事业、爱情，他失去了所有的亲人和朋友。正是因为他抛却了诚信，才会落到今天的下场，他突然想起了艄公的话，从监狱里出来，他直奔渡口。可当年的艄公已不在，只有那里一条小船依稀当日模样。那时的年轻人也已垂垂老矣。从此，渡口多了一个老艄公，无人过渡时，人们总能看到他独自摇晃在风浪中，似乎在寻找着什么。

诚信是石，敲出星星之火；诚信是火，照亮夜行之路；诚信是路，引你走向黎明。诚信就是承诺，诚信就是道德，诚信更是成功。失去了诚信，就失去了做人基本的原则。无论拥有多少繁华，终究会被抛弃。

青少年处于青春的美好时期，青春的岁月是黄金，青春的岁月如歌。青少年有顽强的拼搏精神，有庞大的拼搏威力。那么青少年就载着梦想和希望在青春的波涛汹涌的大海上，让诚信作风帆，与青春同行。

## § 诚信，一种内在修养

诚信是人内在的修养，在青春这个花儿的季节，青少年要做到诚实守信，这样才能无愧于青春。真诚地对待别人，不欺骗任何一个人，敞开坦荡的胸怀，问心无愧地走向自己的人生，立足自己的岗位，好好学习，努力拼搏，才能让青春大放异彩。

每个人都有着自己的人生追求，在此基础上，让诚信作为基准，不断提高自己的内在修养，这样才会在人生路上顺利通向成功的大门。

就拿考试来说，这是检验一个学生诚信的重要参考。考试如果作弊，即使拿到了高分，那也不是真正属于自己的荣誉。一位北大外籍教师面对他作弊的学生，曾说过一段语重心长的话：“孩子，你的信誉价值连城，你怎么舍得用一点点分数就把它出卖了？”

青少年要知道，诚信不是做给别人看的，它是一个人灵魂价值的体现，它的光环会笼罩着你的一生。大教育家陶行知先生曾经说过：“千教万教，教人求真；千学万学，学做真人。”

在菁菁校园中，如果诚信是一棵参天大树，青少年就要让它沐浴着阳光雨露茁壮地成长。人无信不立，一个没有诚信品格的人将如何在现代社会立足？更别谈如何成为社会的建设者和栋梁之材。无论从社会发展的层面还是从个人成长角度看，诚信都应当是青少年长期坚持的东西，成人成才从诚信开始。青少年要用诚信去浇灌青春这美丽的花朵，让诚信与青春同行。

## 轻轻地告诉你

青少年要知道，一滴水能够折射出太阳的七彩斑斓，举手投足可以显示出一个人道德素养的高下优劣。诚信是一个养成的过程，需要积累，只有从大处着眼，小处着手，从不说谎、不抄袭作业、考试不作弊、拾金不昧等最基本的日常行为规范和道德要求做起。见微知著，才能在诚信的道路上循序而渐进。内在修养要靠持之以恒地坚持下去，才能塑造。

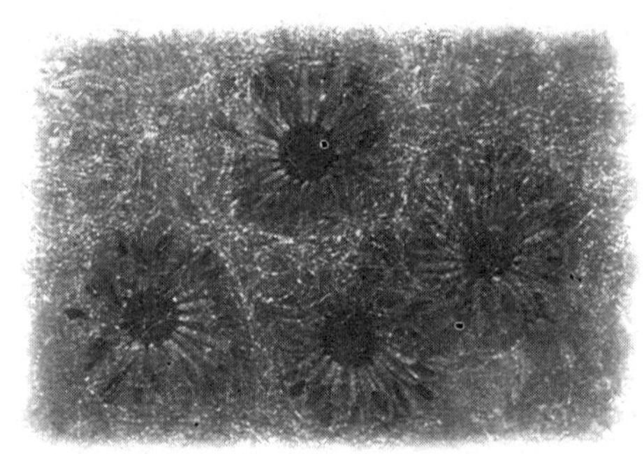

# 第六章

## 天使的呼唤——诚信架起友谊沟通桥梁

诚信是友谊沟通的桥梁，善于欺骗的人，永远到不了桥的另一端。

朋友之间，最为可贵的就是彼此之间互相信任。也正是诚信才架起了友谊沟通的桥梁。

青少年必须懂得，如果你想要得到快乐，那就拿出你的真诚；如果你想要交到更多的朋友，那就拿出你的信用。

# 1 真诚让友谊之树常青

真诚是一种心灵的开放。

——弗朗索瓦·德·拉罗什富科

友情的花朵需要用心灵泉水来灌溉。当我们寻求友情的时候，不要忘记用真诚来敲开对方的心灵。今天播种友情，明天友谊之树常青。信任是难得的，人与人之间最珍贵的就是相互信任。“路遥知马力，日久见人心。”信任来之不易。真诚相待就能迎来信任，珍惜友谊，巩固友谊，发展友谊，真诚作为前提就能使友谊之树常青。

## § 真诚温暖心灵

有个诗人说：“生活中并不缺少美，而是缺少一颗善于发现美的心灵。”一句祝福的话语，一次无私的帮助，一个安慰的眼神，只要是真诚的付出，都会给别人留下美好，都是让别人感受到温暖和亲情。

有两个朋友在沙漠中旅行，因为一件事情他们在旅行中吵架了，一个给了另外一个一记耳光，被打的觉得受辱，一言不语，但是却在沙子上写下：“今天我的朋友打了我一巴掌。”他们继续往前走，直至到了沃野，沃野有沼泽，他们就决定先停下来，然后慢慢行走。在走的过程中，被打巴掌的那位差点被淹死，幸好被朋友救起来。被救起后，他又拿了一把小剑在石头上刻下了：“今天我的好朋友救了我一命。”朋友非常不理解他途中的这两种行为，就好奇地问道："为什么我打了你以后你要写在沙子上，而现在要刻在石头上呢？"被救起的朋友笑了笑回答说："当被一个朋友伤害时，要写在易忘的地方，风会负责抹去它；相反，如果被帮助，我们要把它刻在心里的深处，那里任何风都不会抹去它！"

想一想，这个世界上那些真诚帮助过你的朋友，你是否也早已铭记于心？真诚会使人与人之间架起一座心灵之桥，通过这座桥，就能打开对方心灵的大门，既而登堂入室，然后赏心悦目，从而肩并肩，手携手地走过美丽人生！

朋友之间贵在真诚，朋友之间要相互理解。任何人都不可能十全十美，不要去苛求朋友的完美。人生路漫长，是友谊陪你走过了那黑色地带，是友谊陪你走出那令人迷茫的大草原，是友谊陪你冲破那令人窒息的灰色天空。真正的朋友是黑夜里可以为你照明的灯，是雨中为你撑起的伞，是夏日里悠悠的风，是寒冬里暖暖的火塘，也是你可以遮风避雨的小屋！

其实，一声亲切的问候，一句真诚的祝福，就能让彼此感动，就能让两颗心渐渐靠拢。相逢的日子是快乐的，当你用真诚换来了一份弥足珍贵的友谊，就要好好用真诚去珍惜。

在和朋友的交往中，彼此的品性是很重要的，高贵的友谊是双方互相由衷的欣赏和尊敬。所以青少年要让自己的价值充分在友情的天地里体现出来。让自己有资格做别人的朋友，这是与人交往的前提，这样别人才能把你当成朋友。再则，任何友谊都是随缘的，不是强求所能得到的。有些人利用友谊的名义而进行交往，结果到头终有报，最终会受人唾弃。

所以，一个人的品质尤其重要，在与人交往上孔子最强调一个"信"字，朋友间更应如此。待人是否诚实无欺，最能反映一个人的人品是否光明磊落。人生好比是一次旅行，有个忠诚的伴侣，我们就不会感到孤单。

## § 真诚赢得信任和友谊

朋友是人生中宝贵的财富。信任是做知己朋友的基础，朋友间的信任更是一种高贵品质的升华，青少年能够把自己的信任完全交付给自己的朋友，就赢得了人生的友谊！唯有用真诚的心，才能让别人信任自己，才能发展彼此之间的友谊。

朋友是可以和你一同欢笑一同哭泣，成功时在心底默默为你祝福，失意时给你安慰和鼓励，朋友是解语花，是可以休憩的港湾。

友情的酒越陈越香。人们因欣赏、喜欢和爱，和别人结成了朋友，他身上有吸引你的优秀品质，那么也让你成为别人所认为优秀的对象。只有相互欣赏了，两个人才能走在一起。所以无论什么时候发生矛盾，你要想想当初的相识、相知，就会发现这段友情很值得珍惜。

友情，一种更高尚更至诚的爱。真诚是友情的种子。青少年与朋友相处要懂得通达，要懂得互相尊重信任，理解包容。

对于青少年，真诚地善待你身边的每一位朋友，你就会有意想不到的收获和意外的惊喜！用真诚去对待朋友，友谊之树不会枯萎，四季常青；友谊之花，不会凋谢，常开枝头；友谊之泉，不会干涸，细水长流……

### 轻轻地告诉你

真诚是我们做人的首要条件。青少年，在你与人相处时，首先要学会的是尊重别人，善待别人，这也就是我们常说的以诚待人。将心比心，以真诚去缔造真诚，以友谊去缔造友谊，这样别人也会对你真诚。

待人真诚，你才会拥有更多的朋友；待人真诚，你才会赢得别人的尊重；待人真诚，才会感觉生活的美好。

# 2 被人相信与相信别人

建立和巩固友谊的最好的方法，莫过于互相信赖地闲谈心事与家常。

——约翰·洛克

彼此信任是快乐的。“我见青山多妩媚，料青山见我应如是。”辛弃疾这样说，寄情于山水之间，敞开心扉与自然对话，彼此信任和相互关照，虽然无言无语，却能让人的心灵感到一种欢愉。把心扉敞开，去面对周围熟悉的人，那又将收获一种妙不可言的感觉。

## § 你相信别人吗

友谊的花朵是开在互相理解、互相信赖的土壤里的。一切的一切都开始于相互尊重，人是有感情的动物，需要平等和民主与理解和信任。你相信别人，才能得到别人的相信。信任是相互的。

一个在轮船上打杂儿的黑人小男孩，在一次出海中不慎掉进了波涛汹涌的大海中。小男孩大声地喊救命，可是一个浪头过来又淹没了他瘦小的身影，眼看着轮船渐渐变得模糊，但小男孩并没有放弃。他拼命地朝轮船游去，又一个浪头扑来，当他的头浮出水面时，早已看不见轮船的影子。这时候，小男孩的力气也用得差不多了，他已经无力继续在那浩瀚的大海里翻腾下去。当他想要放弃的时候，突然老船长那张慈祥的脸和友善的眼神浮现在他脑海里。不，老船长一定回来救我的！想到此，小男孩使出自己最后的力量朝前游去。船长发现了小男孩的失踪，当他断定小男孩是掉进海里了的时候，立刻命令掉头去找，可所有的人都认为时间已经过去那么久了，不可能有生存的希望。老船长犹豫了一下，还是决定回去找。更有人说为一个黑奴孩子很不值得，船长大怒。终于就在小男孩沉下去的那一刻，船长赶到了，救起了孩子。孩子醒后，老船长轻轻地问："孩子，你是怎么坚持这么久的？"小男孩脸上洋溢着笑容说："我知道您一定回来救我的，一定会的！"听到这里，老船长泪流满面："孩子，是你救了你自己，我为我那一刻的犹豫而感到耻辱……"

这个小男孩相信老船长一定会救自己，所以在他将要绝望的时候，又有了生存下去的勇气。其实一个人能被他人相信也是一种幸福，因为别人相信他能拯救自己。

在这个社会上每一个人都想得到别人的信任，但是这种信任似乎总是姗姗来迟，甚或迟迟未至。很多时候我们相信他人，但这种信任却常常被他人所滥用，所以我们开始了防范身边的每一个人。我们心智的成长提升了判断欺骗的技术，提升了防范他人的能力，所以即使生活很美丽，但我们的心灵却被带上了枷锁，感觉很累。

你想去掉身上的阴影吗？这看起来并不容易，但是在很多领域里，彼此相信是值得青少年去做的。在你的亲朋好友中，在你身边这些熟悉的人的范围里，如果心灵还去设防，那么你的一生就会很累。

青少年朋友，在你学着提防坏人的时候，在学校里和同学们建立彼此信任的关系仍然很重要。因为同学是陪着自己一起上课、一起玩耍、一起长大的伙伴。友谊也是在这样的群体里建立起来的。如果这个时候你就失去了信任别人的能力，以后踏入社会更会寸步难行。放开胸怀去相信你周围的人，你也会得到别人的信任你要试着敞开自己的心灵，通向别人的心房，让友谊的果实结得更加丰硕。

## § 人要彼此信任

互相信任是快乐的。如果人与人不互相信任，就会开始怀疑对方，甚至会觉得世界上所有的人都不可信，那友谊更无从建立。所以人要学会互相信任，人一旦互相信任，就会觉得轻松自在，没有压力。

互相信任和交流非常重要。建立有效交流的基础是互相信任，只有在信任的基础上建立的交流才是持久的和有效的。一旦建立了深层的信任，就要一如既往地相信对方，抱着这种信念两个人之间才可以相处愉快。

不被人信任是痛苦的。如果你失去了让别人最起码的信任，那你的品质将被别人怀疑，你的诚信也将被怀疑。所以不要忘了让别人相信自己的前提——给对方信任。人要想生活得坦然、舒心，就需要相信很多东西。幸福是需要分享的，所以你应该相信别人。很多事情都需要大家的共同合作，才能产生伟大的成效。

如果你看不到信任的力量，只看到吃亏上当的事件，就会失去信任和团结带给你的成功。你防范别人，别人也会防范你，这样就会把精力和聪明才智都用在相互的猜疑上去。相信别人，包括相信欺骗过你的人，自己的胸怀是敞开的，自己的耳朵是倾听的，这样才能够走向成功。为了生活的快乐，青少年要尝试着去相信别人，尝试被人相信。

**轻轻地告诉你**

有句名言是这样说的："信任可以产生让人惊奇的力量。"如果一个人很久不能被人信任，那是一种亏损。信任错了人依然会遭受损失，可是如果不去相信任何一个人，那么永远就无法感受信任带来的喜悦与美妙。信任虽然有风险，真挚友情却最感人。不信任人和不受人信任都是人生的悲哀。所以，青少年要互相的信任和尊重，互相的扶持和抚慰，用彼此的真心真意去感觉生活的美丽以及和谐的喜悦。

## 3 为朋友肯讲诚信

遵守诺言就像保卫你的荣誉一样。

——巴尔扎克

对人真诚，言而有信，朋友满天下。拥有诚信，就能拥有许多朋友。但如果对朋友不讲诚信，那么你失去的不仅仅是朋友，也失去了朋友之间最珍贵的情意。

### § 对朋友讲信义

忠厚是友谊的桥梁，欺骗是友谊的敌人。背信弃义的朋友是最可恨的。人生难得几知己，伤害了朋友，就伤害了长久建立起来的信任。那么还将拿什么来让朋友再去相信你？所以朋友之间不可失去诚信。

东汉时期有两个人，一个叫朱晖，一个叫张堪。张堪一直很仰慕朱晖的诚信，他在很早之前就听说此人非常讲信义。一次偶然的机会，两人在太学里结识，真所谓是相见恨晚，到分手时，张堪托付朱晖在自己死后多多关照自己的妻子儿女。过了几年，张堪一病呜呼，丢下一家老小艰辛度日。朱晖听说张堪的妻儿生活贫困，便亲自前去探望，给予很多物质上的帮助，对他们关怀备至。张堪对朱晖的嘱托，并没有任何许诺，而朱晖就自觉履行了，这可说是朋友之间诚信的最高境界。多少年来，“情同朱张”这个词汇一直被人们视为朋友间感情真挚，讲究信用的代名词。

以诚相待是处理人与人之间关系的一种原则。朋友之间交往的原则便是“诚”或“信”。孔子已提出“朋友有信”，意即朋友之间应当讲诚信。在我们的心目中，一个好朋友的标志之一，即是能够彼此交心，相互开诚布公。如果互存戒心，彼此缺乏诚意，那就很难成为朋友。

“忠诚正直，言行一致，表里如一”“遵守诺言、不虚伪欺诈”，这些流传了千百年的古话，都形象地表达了中华民族诚实守信的品质。在中国几千年的文明史中，人们不但为诚实守信的美德大唱颂歌，而且努力地身体力行。“士为知己者死”等，无不体现朋友之间的深情。朋友是你一生最值得珍惜的情谊。所以青少年朋友要用心去经营友谊，对待朋友，诚信当头。

人若没有信义，就难以在世上立足。一个人只有讲信义，这个人才会有威信，你说话就有人听，有人信，当你有困难的时候人们就会跑过来帮助你；反之，一个人若是总骗人，总不讲信义，那么，你的人缘就会很差，你说话的分量就会大打折扣，有时即使你说的是真话，人们也总以怀疑的态度对待，而当你处于危急、需要他人救援时，人们也会采取冷漠态度对待。

人生不是孤立的，它需要朋友，需要真正意义上的好朋友。朋友关系跟生活当中的一切关系一样，都应该基于价值对价值的基础之上，要对促进人生的发展起作用。

对朋友讲信义非常重要。每个人都想交有价值的朋友，都想交有社会道德、品行端正、诚实、讲信义的朋友。利势、利权、利财、不讲道德、不讲诚实、不讲信义、唯利是图、欺人骗财、做人不良、心术不正、存心报复“落井下石”的人，是为人们所唾弃的。同正直的人交朋友，同诚实的人交朋友，同见闻广博的人交朋友是有益的。青少年首先也得做到这几点，别人才会同你交朋友。

在思想上、学习上能互相帮助的朋友，知己的朋友，同甘共苦的朋友，特别是在患难之中互相救助的朋友，才是经得起考验的、真正的朋友。真正的朋友在任何时候都不会为了自己的利益而去伤害朋友。当朋友遇到困难受到挫折时，他会给朋友以慰藉和陪伴，这样的朋友，你怎能不对他讲信义？

青少年要善待好朋友，珍视好朋友，朋友是人生道路上的无价之宝，友谊是遮风避雨的温馨港湾。和朋友讲信义，你就拥有了这份珍贵的友情。青少年要从小事做起，对朋友说过的话要负责，不要做言而无信的小人。

## § 不要让友谊褪色

古语有云“信人者，人恒信之。”要想处理好朋友之间的关系，要想让朋友信任你，就要首先去相信朋友，以“诚”为本才是和朋友相处的根本。

患难之中才能见真情，朋友之间的友谊不是靠甜言蜜语来维系的，真正的友谊是经得起时间和环境的考验的。平时只有肉麻的吹捧，大难临头却各自飞的友谊是我们该唾弃的，能在关键时刻给朋友切实的支持，才是值得赞扬的。

友谊是靠感情来维系的，而不是靠金钱、礼物来维持，正所谓“千里送鹅毛，礼轻情谊重”。能在朋友开心的时候给他送去一句简单的祝福，能够在他烦恼的时候给他一句淡淡的问候，这样才能让友谊持续永久。

真正的友谊是来自互相的体谅和包容，真心的对待，当友谊出现裂痕的时候，互相想想对方和自己所做的事情、说的话，是不是伤了对方，多想想自己的错，这样不但使你的心胸变宽广，并且对方也会好好珍惜和你的这份友谊！当你抓住友情的同时，就代表了有另一个人也得到了友情的眷顾，它是双向的。

真诚的友情是不会褪色的，褪色的只是人与人之间心中对友情的定义而已。朋友之间不需要有太多的共同点，只要你认为他值得做你的朋友，你就会在互相交往的时候多份关心，他也将回报你一份温暖。两个人相互尊重，相互珍惜，友情怎么会褪色呢?

## 轻轻地告诉你

真正的朋友以“诚信”而结交。真正的友谊不会因为时间而褪色，真正的朋友不会因为时间而失去往日的默契。真正的友谊是一种温静与沉着的爱，为理智所引导，习惯所结成，从长久的认识与共同的契合而产生，没有嫉妒，也没有恐惧。只要彼此用真心去对待，就会让友谊永远保鲜。

# 4 绝对信任你的朋友

生命不可能从谎言中开出灿烂的鲜花。

——海涅

生活中，你对你的朋友完全信任吗？你是否还存有那么一点点的怀疑？

朋友之间的沟通是不带任何功利目的的，其真谛在于心灵的沟通。古语说，君子以淡泊相亲，小人以利相亲。真正的朋友，其关系绝不能以利益来维系，那样只能是为人们所唾弃的“酒肉朋友”。君子之交，应重在心灵的交流，信任是交流的前提，抱有一点点的疑心是对友情的不信任，那么友情怎么可能继续深入下去，也就不会有所谓的高山流水了。

## § 信任朋友

一生中，你会有好多好多的朋友。有的只是路过生命中的过客，有些却成了一辈子的知己。相识是上天注定的机会，相知是上天造就的缘分。快乐时，会想跟朋友分享；难过时，会想跟朋友倾诉。朋友相交贵在交心，贵在信任。朋友的信任，建立在相互认识、了解中。

有两个朋友十分要好，彼此不分你我。有一天，他们走进了浩瀚的沙漠，他们路上带的水都已经喝完了，这时口渴正威胁着他们的生命。

上帝为了考验他们的友情，就对他们说：前面树上有两个苹果，一大一小，谁吃了大的就能平安走出沙漠。两人听了，都让对方吃那个大的，坚持自己吃那个小的。争执到最后，谁也没说服谁，两人都迷迷糊糊地睡着了。

也不知道到底过了多久，其中一人忽然醒来，却发现他的朋友早向前走了。于是他急忙走到那棵树下，发现两个苹果只剩下一个了，摘下来一看，很小很小。他顿时感到朋友欺骗了他，便怀着悲愤与失落的心情向前走着。

突然，他发现朋友在前面倒下，便毫不犹豫地跑了过去，小心将朋友轻轻地抱起。这时他惊异地发现：朋友手中紧紧地握着一个苹果，而那个苹果比自己手中小的多得多。

人的一生中没有朋友，才是真正的寂寞。有了朋友的人生，五彩缤纷的旅途将不再感到孤单。因为彼此的心里多了一缕暖意，一抹温馨，一片绿荫。然而，朋友之间最重要的是相互忠诚和信任，来不得半点猜疑。无端的猜疑是对友谊的伤害，是友谊最大的敌人。

朋友之间的互相信任、理解和关心是友情链接的基础。每个人都在向往拥有永恒的朋友，但有些人往往会在交友中很烦恼，心里总在想这个朋友是否值得去信任，那个朋友是否真正关心自己。

其实拥有永恒的朋友并不难，只要彼此之间关心彼此，彼此理解彼此，彼此相信彼此，就会成为永恒的朋友。

青少年要学会珍惜身边的每位朋友，有的朋友一旦失去就很难再找回。真心对待每一位朋友，绝对地信任他们。朋友之间不要乱猜疑，也不要埋怨朋友。即使朋友做了什么对不起你的事情，也应该尽可能地原谅对方。

## § 不要刻意去考验朋友

大家都知道真金不怕火炼。当我们确定了自己拥有的是块真金时，就会小心翼翼地把它放起来，根本不可能有再把它丢进火里的想法。而当你对所拥有的那块黄金有点心存怀疑时，肯定就会把它放在火里，看看它到底是真金还是破铜烂铁。

朋友之间亦如此。当你想到要去考验朋友时，说明你心里其实已经在怀疑这个朋友的可靠性，这首先就证明了你对朋友没有信心，不信任他。你从理智上、理论上便开始了对朋友的考验，看朋友是否值得信任。

如果朋友确实很值得信任，而你却对他有了无端猜疑的心。此时，你觉得可以放心大胆地信任朋友了。可朋友以一片真心对待你，十分信任你，换来的却是考验，他心里会怎样想，这是一种对朋友心灵的深深伤害。因为没有什么比无端猜疑对人的感情伤害更大，没有什么比考验更能让朋友离开你。无论什么时候朋友是不能去考验的。

如果朋友确实不值得信任，你的预感很准。你的第一反应无疑是以后要和这个朋友保持距离。人无完人，一个朋友在一方面不值得信任，并不意味着他毫无可取之处。如他不能保守秘密，那么你不要再告诉他秘密就行了。如果你是真心关心朋友，就要坦白地告诉他，泄露秘密对于友情来说是不可取的。当然对于那些一无是处的朋友，最好远离。要记住“近朱者赤近墨者黑”这句古话。

考验的结果无非就是这两种，一种朋友弃你而去，另一种是你淘汰朋友。总之，考验的最终结果都是失去朋友。考验朋友的结果总是失去朋友，没有赢家，我们没必要去下一个永远不可能胜利的赌注。所以青少年要记住：永远不要考验朋友。

友情是不能用来考验的，青少年要绝对信任朋友，不要去伤害朋友的自尊。失去了信任也就失去了朋友之间联系的唯一纽带。当你遭遇不幸时，最快时间里出现在你的身边或者给你打电话安慰你的那个人；当你犹豫彷徨时，一直给你无限鼓励和耐心开导的那个人；当你颓废消极时，始终站在你的身后不离不弃的那个人；当你裸露心灵时，绝对不会害怕她（他）说出去的那个人，当你坦然情感时，坚信一定能理解明白你的心的那个人；你还会去考验他吗？

# 5 用心灵呼唤诚信

诚信乃是一种和谐，正如健康、和善与神一样。

——毕达哥拉斯

诚信的力量是巨大的，它可以点石成金，触木为玉。青少年要用心灵去呼唤诚信，让诚信成为自己的人生准则，让生命因诚信而获得一次畅快的呼吸，为生命增添一抹亮色。

## § 不要失信于人

如果青少年凭着自己良好的品性，能让别人在心里认可你、信任你，那么你就具备了一项成功者的资本。

假如一个年轻人希望闻名世界、流芳百世，他首先要获得别人的信任。一个人学会了如何获得他人的信任，那要比获得千万财富更珍贵。

但是，在现实生活中，真正懂得如何获得别人的信任的人并不多见。大多数人都在无意中给自己前进的康庄大道上设置了一些障碍，比如有的态度不好、有的缺乏机智、有的不善于待人接物，常常使身边的人对他感到失望。

南诏国有个商人去经商，在过河时船突然沉了，他抓住一根大麻杆大声呼救。这时候有个渔夫听见了赶快跑过来了。商人急忙喊："我是南诏国最大的富翁，你若能救我，给你100两黄金"。待被救上岸后，商人却从口袋中掏出了10两黄金给了渔夫。渔夫责怪他不守信，出尔反尔。这时候富翁却不屑地说："你只是一个打渔的，一生都挣不了几个钱，给你十两黄金还不够你用一生吗？"渔夫听了只得怏怏而去。

人算不如天算，富翁又一次在这里翻船了。有人听到了要过来救他，此时那个渔夫说："他就是那个说话不算数的人！"别的人都不再去救他了，最后商人淹死了。

在这个故事中，商人的不得好报是在意料之中的。因为一个人若不守信，便会失去别人的信任。所以，一旦他处于困境，便没有人再愿意出手相救。失信于人者，一旦遭难，只有坐以待毙。

不管到什么时候，没有了诚信就会像一艘迷失在茫茫大海的船，找不到回航的方向。

"人以诚为本，以信为天。"为人处世只有讲诚信，才能在社会上立足，才能得到事业的发展，才有光明的前途。每个人都应该用自己的心灵去对待另一颗心灵，都应该用一双热情的瞳孔去面对另一双瞳孔，因为人字的结构是互相支撑的。不欺骗，不隐瞒，才是正确的人生态度。

不要去欺骗，多一份真诚的感情，多一点信任的目光，脚踏一方诚信的净土，就可浇灌出人生最美丽的花朵，夯筑起人生坚不可摧的铜墙铁壁。

青少年用诚信的心灵与别人交往，就会开出灿烂的诚信之花。只有真心地对待别人，才会给别人带来信任。青少年从诚信做起，用心灵呼唤诚信，拥抱诚信，才能为人格涂上一层亮色！

## § 看看身边的“诚信”美

美是什么呢？恐怕很难有人能给它下个准确的定义。有的人说，美是听得见的，如同优美的歌声；有的人说，美是看得见的，犹如美丽的花朵。真正的美是“诚信”，这是一种在精神上给人以震撼的美。

当代青少年都追求美感。追求外表的华丽、漂亮，却遗忘了心灵美其实心灵美才是真正的美。人们需要的是朋友间真心实意地诚信，该遗弃的是“冠冕堂皇”“绣花枕头”等，因为那些东西使人浅薄、庸俗，令人们的精神世界变得空虚。青少年需要的是诚信美，这才是生活的真谛。

诚信以独特的魅力存在于永久的素养，发出点滴的光芒指引心灵的渴望。

诚信美，美在它的表里如一，言行一致，无欺无诈。一个人不仅要说得好，还要做得好，怎么说就怎么做。诚信需要青少年用一生的时间去维护，只要你有一次不讲诚信，你就会给人生留下遗憾。

诚信美，美在它的讲信用. 重承诺。承诺是一种信誉，一种责任。青少年不能忽视它的重要意义，要做到言必有信、一诺千金。真正的承诺应该像美丽的童话，让人的心灵感到震颤。

诚信美，还美在它的实事求是，不护己短，知错认错。每个人都会

犯这样那样的错误，这并不是最重要的，重要的是你对待错误的认识和态度。只要你敢于承认，并下决心改正，不但不会损害自己的形象，反而会表现出诚信之美，从而得到他人的信任和宽容。

那么，青少年该如何培养这种诚信美呢？

诚信不应该只是一种口号，诚信的品质要靠培养。首先，要在处理人际关系中培养诚信美。诚信是与人交往的基本要求。在处理人际关系中要做到内诚于心，外化于人，就是要忠诚老实，遵守信用，而不能言而无信。在目前社会上，诚信作为一种行为规范，不仅仅调节着朋友间的关系，而且对人们的事业和广泛的人际关系都能起到不小的调节作用。在处理人际关系中养成诚信品质，是培养诚信美的一个关键环节。其次，要在遵规守纪中培养诚信美。诚信作为人们的行为规范和人际关系的模式，需要制度化才能长久，才有产生巨大的力量。所以，依据规章制度做事，已成为诚信美的基本要求。最后，以人品修养培养诚信美。从本质上来说，诚信是一种人品修养，是做人的根本准则。无论什么时候，在什么地方，只要青少年以诚待人，那么你人生的字典中就不会出现奸诈狡猾、坑蒙拐骗了。

### 轻轻地告诉你

美，就在我们身边，只要你用心观察。既然生活赋予我们“诚信”美，那么，我们将以青春回报给生活更多、更真诚的美！

# 6 让诚信和友谊结伴而行

诚者，天之道也；思诚者，人之道也。

——孟子

诚信不可抛。假如我们丢掉了诚信，丢掉了生活中最重要的道德砝码，我们将举步维艰。曾几何时，你被怀疑的目光看着自己，又曾几何时，你用怀疑的目光看着别人。它刺痛了友谊，于是，友谊之花不再开！

## § 让友谊之花常开

“言不信者行不果，志不坚者志不达。”有了诚信，我们的生命之树才会枝繁叶茂；有了诚信，我们的生命花朵才会鲜艳夺目。青少年只有保持诚信才能使自己更加顽强和自信，才能使自己和谐地融入社会。

从前，意大利有一个名叫皮斯阿司的小伙子，因触犯国王而被判死刑。

皮斯阿司是个孝顺的人，在临死之前，他恳求能和远在千里之外的母亲见上最后一面，以表达他对母亲的歉意。国王感其诚孝，决定让皮斯阿司回家与母亲相见，但有一个条件，皮斯阿司必须找到一个人来替他坐牢，否则就不同意他的请求。这是一个看似简单其实几乎不可能实现的条件。有谁肯冒如此大的风险呢？这不是在自寻死路吗？然而，茫茫人海真有人不怕死，而且真的愿意替别人坐牢，这个人就是皮斯阿司的朋友达蒙。

达蒙住进牢房以后，皮斯阿司就回家与母亲诀别。

日子过去了很多天，眼看刑期在即，皮斯阿司仍然没有回来。一时间，人们议论纷纷，都说达蒙上了皮斯阿司的当了。但是达蒙一点都不着急，他相信他的朋友！

行刑的日期到了。刑车上的达蒙抬着头挺着胸，不但面无惧色，反而洋溢着慷慨赴死的豪情。因为，他相信自己用爱与信任来对待朋友是正确的，他对得起自己的良心！

追魂炮被大火点燃了，绞索已经挂在了达蒙的脖子上。就在这千钧一发的时刻，皮斯阿司飞奔而来，他高喊着："我回来了！我回来了！"继而热泪盈眶地拥抱着达蒙。

人们惊呆了，在场的许多人都流下了感动的泪水。

消息很快就传到了国王的耳中。国王不信，亲自赶到刑场。无数双眼睛似乎在替皮斯阿司哀求着。最后，国王亲自给皮斯阿司松了绑，并赦免了他的死罪。

当绑在皮斯阿司身上的绳索被打开，两个久别重逢的朋友深深地拥抱在了一起。

拥有永久的友情，是每一个人不懈地追求。在中国历史上有许许多多这样的友情。刘、关、张的"桃园三结义"，"不能同年同月同日生，但愿同年同月同日死"是他们的结盟誓言。

朋友间的友情好似寒冬里一缕温暖的阳光，盛夏里一股甘凉清冽的山泉，黑夜里一盏跳动的烛火，滔天巨浪中一片宁静的港湾。朋友之间要互相尊重、信任、理解，情同手足。毕竟友情是建立在平等的基础上的，友情之花同样也需要双方彼此的用心呵护。有时，还需为之做出让步、付出、牺牲。一味地索取，终有一日会令友情枯萎凋零，从而分道扬镳，成为陌路之人。拥有了友情，就拥有了阳光，就拥有了一个美丽的人生。青少年应当珍惜已经拥有的友情，友情之树四季常青，友谊之花常开不谢。

## § 友谊人生，诚信槽随

诚实、守信是人与人之间交往的最基本的准则，朋友之间更应讲求诚信。诚信是没有颜色的，但却可以掌控我们的心情。它会让我们的心情变得灰暗，也可以让我们的情绪变得很高昂。诚信可以让人的心胸变得狭隘，目光变得短浅，也可以让人的胸怀变得宽广起来。

这个世界有很多语言都在赞美诚信之美。

让这语言的美丽付诸行动，那才是人生的真谛。要知道不会有人在乎你和别人相处得怎么样，他们在乎的是你是否诚实，是否值得信赖。他们希望在谈话时，他是你心中唯一的对象，身在曹营心在汉会让他们感觉不受尊重。只有你注重了这些，你们的友谊才能长存。

### 轻轻地告诉你

诚信是打开心中那扇门的钥匙，诚信是沟通心灵的桥梁，诚信是心灵最圣洁的鲜花，诚信是远船中的一个指标，把在茫茫大海中迷失方向的航船引导他们回岸。它也是我们每个人心中的一盏照明灯，诱导每个人走出“黑暗的道路”。青少年让诚信和友谊结伴而行，将收获一个完美的人生。

# 第七章

## 奋斗的使命——诚信缔造一切成功辉煌

诚实是通向成功的桥梁，没有诚信，就没有成功。

诚信与成功，犹如山与水之间的关系。仁者乐山，智者乐水。在仁者看来，山的厚重与坚韧象征了人与人之间的信任与依靠，诚信就是山一般的品质。在智者看来，水的流动与冲力象征了人对自己的生活采取一种灵活与坚持的生活态度，成功就是对水一般品质的报偿。诚信是成功的基石。

少年要想成为仁者与智者，都需要处理好诚信与成功的关系。要记得：诚信缔造了一切成功辉煌。

# 1 诚信为你带来机遇

工作上的信用是最好的财富。没有信用积累的青年，非成为失败者不可。

——池田在作

对于每一个人来说，诚实守信是人格确立的重要途径，也是人与人之间交往得以继续的前提。在日常生活中，没有人愿意与不讲信用的人交往。我们都知道，只要欺骗别人一次，也就永远失去了别人的信任，更谈不上别人对你的重用。

最重要的是当别人知道你不可靠时，你的机会就消失殆尽。客户不会喜欢与一个经常行骗的人做生意；领导不放心把一项重要的工作交给一个不值得信赖的人；朋友也不愿意与一个虚伪的人合作……尽管你有满腔成功的热情和满腹的才华，若失去了别人的信赖，你就再也没有施展才华的机会。所以，在走向通往成功的道路上时，青少年一定要带上诚信同行。诚信将带给你的不仅是机遇，而且还有成功与财富。

## § 诚信创造财富

为了寻找机会，小赐独身伊人乘坐火车南下。在火车上，由于疲劳过度，小赐居然睡着了。在他想来的时候，广州马上就要到了，然而，这时他发现自己的旅行包不见了。包里有钱、证件，还有车票，没票自然出不了站，即便出了站，身无分文的他又如何生存呢？

想来想去，小赐打算在广州下车，不出站直接补票打道回府，可是补票的钱从何来？无奈之下的小赐鼓足勇气厚着脸皮尝试着向几位旅客借，然而却没有人理他。是啊，所有能证明小赐身份的有力证明全都没有，平白无故谁会借钱给他呢？最后，小赐沮丧地走向一位戴眼镜的老者："先生您好，我遭窃了，能否借我100元返程路费？我一定双倍奉还。"只见老者迟疑了片刻，就把钱给了小赐。谢过之后，老者在小赐的坚持下把自己的地址留给了他。

小赐到家的第一件事情就是将200元钱寄给那位老者，并附寄一封信，感谢素不相识的他对自己的信任和帮助。

补好了相关的证件，小赐再次南下，很快他就被一家公司聘为采购部经理。这家公司刚成立不久，资金紧张，眼看着就要因原料短缺而停产，小赐心里非常焦急。老板不得已只得亲自出马，带着小赐一同驱车前往东莞找一位供货商协商。在路上，老板对小赐说："我们即将拜访的是业内最大的原料供应商，这人有个特点，从不轻易赊账，除非是老客户。如果能得到他的帮助，公司就会有转机。但是，我们是初次打交道，能否成功确实很难说。"一见到那位原料供应商，小赐就呆住了——他就是那位借钱给他的老者。就这样，他们聊了起来，那位老者不无感慨地对小赐说："我给你钱的时候，其实根本就没指望你真的会还。"小赐说："如果对一个信任我的人失信，我会一辈子愧疚不安的！"

"与你这样的人合作，我放心！"老者言毕，随即与小赐的公司签订了一份长期合同，保证提供充足的货源。

纵观历史，古往今来，没有哪一个商家是靠坑蒙欺诈消费者而誉满天下的，也从来没有人能够靠剽窃他人的劳动成果弄虚作假而成为学富五车的大学问家的。人重要的就是讲诚信。诚信带来机遇，诚信为你创造机遇。

在人的一生中，拥有诚信的美德，机遇便可能在你意想不到的时候向你敞开一扇明亮的窗户，向你伸出热情的手。

# 2 诚信，助你完成梦想

对人以诚信，人不欺我；对事以诚信，事无不成。

——冯玉祥

“创造更多财富，实现人生价值”，相信这是每一个青少年最大的梦想。而诚信是实现梦想的基石，坚持是实现梦想的过程！

诚信是一种力量，它让卑鄙伪劣者退缩，让正直善良者强大。诚信无形，却在潜移默化中塑造无数有形之身，永不褪色。诚信以卓然挺立的风姿和独树一帜的道德，高度赢得众人的信任和爱戴。诚信作为一种传统美德，是现代人交往的“信用卡”，也是维系人与人感情的“信誉链”。有了诚信，人际交往才会变得有序和有效。

## § 诚信铸就梦想

世界著名的经济学家李嘉图是一个非常诚实守信的人。李嘉图的父亲是荷兰犹太人，后来加入了英国国籍。由于他的证券交易所里很讲信用，深得同行们的欣赏，事业上发展得很顺利，不久就发了大财。他结婚以后，生了很多孩子，其中长大成人的有十五个，而李嘉图是于1772年出生在伦敦市的，在家中排行老三。

李嘉图的父亲为了把自己的每个孩子都培养成优秀的接班人，从小就对他们进行了严格的品德教育，如诚实守信，勇于承担责任，在做决定之前要认真考虑，一旦决定的事情就不能轻易放弃等等。

李嘉图在9岁那年，有一次在他放学的路上，他看见一家百货商店的橱窗里摆着一双鞋口有皮毛的鞋子，式样很新，从没见有人穿过。李嘉图心想：要是我能穿上这双鞋去上学的话那该多好啊，同学们肯定会很羡慕我的。于是，他就非常想买来满足一下自己的虚荣心。

回到家里，李嘉图开始吵着要爸爸妈妈把那双鞋买来。妈妈说："儿子，你并没有看清那双鞋的样子，也没有伸手去摸，也许并不适合你穿。"可是全部心思都在那双鞋上的他根本不管这些，他说："我就要那双鞋子，别的鞋子都让给弟弟妹妹们穿。"

迫于无奈，父亲答应了给他买那一双鞋，不过，在买鞋之前父亲和李嘉图做了一项约定，即：鞋买来一定要穿，直到穿小为止。李嘉图爽快地答应了。

父亲帮他把鞋子买回来了，这时李嘉图才发现，这是一双木鞋，是专门用来做样品的。不仅鞋子穿起来不舒服，而且当他穿着鞋子走在马路上时，所有人都会盯着他看，因为这双木鞋会发出很大的响声，每走一步就"咔嗒"一声。本来想满足一下自己的虚荣心，结果让他在同学面前丢尽了脸，全校都认识穿木鞋的李嘉图。为了减小走路进所带来的声音，李嘉图走路的时候不得不尽量放轻脚步，非常地痛苦。

有一次，李嘉图的一个同班同学问他为什么不换一双舒服点的鞋子。他说："我已经答应我爸爸，必须把这双鞋子穿小，才能再换别的鞋子穿。再说我已经把我的几双鞋子都送给弟弟妹妹了，没有可换的鞋子了。”那位同学说：“我可以借给你一双鞋子，你可以在学校里偷偷地穿，回家的时候再换上那双木鞋。”李嘉图说：“谢谢你，可是我不能接受。我已经和爸爸有约在先，我爸爸已经按照约定给我买了这双鞋子，我也必须按照当初的约定一直穿着这双鞋子，不然就是不诚实，不守信用。我爸爸说，不讲诚信的人是永远也不会有成就的。”

就这样，李嘉图穿着那双会叫的鞋，穿梭在学校与家庭之间，一直到脚长得这双木鞋再也装不下去的时候，他才开始换别的鞋子。这件童年的小事对李嘉图的成长产生了非常重大的影响，在他以后的人生中，他敢于承担责任，把诚信作为自己的人生准则，直至后来成了世界著名的经济学家。

诚信铸就了梦想，放眼世界可以发现，每个成功人士都有自己的创业经历，而且最重要的就是他们能将梦想、奋斗和诚信有机结合起来，这是人们取得成功的有效法宝。

在为自己的梦想而奋斗的过程中，每个青少年都要铭记这么一句至理名言——诚信是成功的前提。因为诚信，人与人之间的交往才能相互信任；因为诚信，人生才能拥有更多的、更好的朋友，才能在你需要他们的时候助你一臂之力。可以说，是诚信造就了一个人的成功，是诚信托起了一个人的梦想天空。

## § 诚信托起梦想的天空

每个人都有梦想，每个人都为实现梦想而努力。而把梦想和诚信联系在一起，可能有很多人不理解，但是梦想的实现确实离不开“诚信”二字。不诚实守信的人永远不会有成就。

有一支部队要举行越野长跑，其中有一名战士非常不擅长越野长跑。所以，在这次越野赛中他很快就远远落在伙伴的后面，转过了几道弯，他遇到了一个岔路口：一条路标明的是军官跑的，一条路标明的是士兵跑的。他停顿了一下，虽然他对军官连越野赛都有便宜占感到不满，但是他仍然朝着士兵的小路跑去。没想到过了半个小时后他到达终点，成绩是战士组的第一名。他感到很不可思议，但是主持赛跑的军官笑着恭喜他得到了比赛的胜利。

过了几个小时后，大批的军官和士兵到了。他们跑得筋疲力尽。看见他赢得了胜利，开始都觉得奇怪，但大家很快就醒悟过来，原来军官的那条路更远、更难。很多士兵都以为军官的那条路近，反而走了很长的路。这个战士在那个岔路口时选择了自己的路，选择了诚信。这也是他在今后的人生道路上，本着诚信待人处世而立足于部队之中。最后他也因为诚信而做到了少将的位置。

可见，诚实最明智，老实人不吃亏。青少年若要成功，就该把创造信誉作为自己生命里最重要的事情，不断地向别人证明你是一个可靠的人，一个值得信赖的人。人们只有相信了你，才会去相信你的观点、思想或产品。

## 轻轻地告诉你

一个人在成才的路上，只有诚实，才能获得他人的理解、支持和帮助。诚实不仅能给青少年创造良好的外部环境，在日常生活中，我们可以发现，孤军备战的人是难以成功的；而且诚实能给青少年创造良好的内在心境。这是因为诚信可以使一个人心胸坦荡，仰不愧天，俯不愧地，可以使一个人精神饱满，如沐春风，有干一番事业的激情。

# 3 激情奋斗，诚信做事

人而无信，不知其可也。

——孔子

诚信就是待人真诚、守信，就是对任何事情负责。一个人如果言而无信，做事敷衍，见利忘义，那么，他不仅会受到人们的轻视，而且不可能叩响成功之门。相反，一个做事言而有信，待事认真，不受利益诱惑的人，那么他将受到人们的尊敬和爱戴，最终走向成功的顶峰。

## § 努力拼搏，谶信为本

奋斗改变命运，梦想让我们与众不同。人生离不开奋斗，在人生的征途上，唯有积极拼搏才能闪耀生命的光彩；唯有实干进取才能获得生活的馈赠。对于青少年来说，年轻就是资本。每个青少年都拥有无可估量的财富，她让青少年们充满朝气，富有活力，而成功的窗待他们去推开，财富的门等他们开启。相信青少年们只要热情的面对生活，积极地对待工作，诚信地为人处世，就是在为成功架设桥梁。

为酒店业所熟知的希尔顿酒店除南极外遍布全球。几十年来，希尔顿酒店在康拉德·希尔顿和他的次子巴伦·希尔顿的拼搏努力下，希尔顿酒店在全球60个国家设立了1900个网络酒店及相关物业，目前已经成为世界最大、门类最全的国际物业管理集团，缔造了一个“希尔顿酒店帝国”。

康拉德·希尔顿自从20岁创业起，其先后经历了两次世界大战、美国经济大萧条，即使在如此的情况下，他也始终保持着敢想敢干的开拓精神和对生活的热情。希尔顿酒店帝国正是由于在他执着的努力及正确的领导下，创出了全新的酒店管理模式，取得了史无前例的商业成功。

康拉德·希尔顿说：“创业无大小，做事无巨细，只有激发热情，坚定信念，不断激励自己，以奋斗的心态和拼搏的姿态迎接每一天的到来，才能为成功搭起阶梯。”

诚实守信的处世准则会为实现梦想增添可靠的保证，为人生带来宝贵的财富。提起海尔相信大家都不会陌生。在众多的家电品牌中，海尔的家电总要比其他的家电贵一些，但是，它的效益却是一年好于一年。这是为什么呢？其实，海尔能够取得今天的成功，它靠的就是产品质量和优质的售后服务。海尔给消费者的第一感觉是踏实，只需一个电话就有周到的服务上门，说得到，做得到。可见，正是由于诚信的经商法使得海尔赢得了丰厚的回报，赢得了消费者的信任，从而不断扩大自己的市场。

其实，在现实生活中，诚信不只是经商至宝，也是人生成功精髓，青少年尤其需要具备诚信的美德。当一个国家失去诚信，它将无法在国际舞台立足；而一个企业缺乏诚信，它将迅速倒闭；当一个人缺乏诚信，他将失去所有朋友，失去与成功碰面的机会。青少年为人处世都要选择诚信，因为它比美貌更为华丽，而没有诚信的人生将失去所有光明；诚信，它比金钱更富内涵，因为它将人生打底润色，使人格丰满；诚信，它比荣誉更加长久，因为它培植幸福与美丽，在我们不断地耕耘中亮丽生活的风景。

## § 诚信不可弃

刘锋刚考上名牌大学的时候，妈妈不幸地患上了尿毒症，这对于这个本来就不宽裕的家庭来说无非是晴空霹雳。而他的父亲在这个时候却不顾他们母子俩的死活，因不堪忍受而离家出走，丢下妻子和儿子相依为命。相信对于每一个青少年来说考上自己梦寐以求的大学都是一件非常开心的事，可这对于刘锋来说却是烦恼的开始：高昂的学费和照顾妈妈的生活已经使他头昏脑涨，他不知道如何取舍，不知道该怎么办。最后，他决定学要上，妈妈也要照顾。于是，他专门打个电话给学校的领导，告诉了他自己的情况，并且表示自己一定要照顾生病的妈妈。经过一番周折，刘锋得到了学校领导的批准，在外租房，一边读书，一边照顾妈妈。最终，刘锋守住了父母与子女之间爱的承诺。亲情的责任，同时也坚持了他对自己对生活的责任。

在当今的社会生活中，很多人宁愿失去诚信，为了只是换来金钱，换来更好的生活或者名利。其实，人活在世，目光要长远些。对于劣质食品的厂家来说，靠这种方式的确可以在短时期内赚到钱，但是，消费者一旦发现自己上当受骗，就不会再去信任你，这样的结果就是导致厂家破产。

### 轻轻地告诉你

诚信不可丢弃，诚信就像一个路标，它将带领一个人的品质、修养走进一个纯洁圣地；诚信又像一朵永不凋谢的鲜花，将它的美丽和芬芳洒向人间，铺满人间，世界就会变得更美好、和谐！对于青少年来说，未来的路需要执着从容，更需要扬起“诚信”的风帆，点燃梦想释放激情，让青春在奋斗与诚信中闪光！

# 4 诚实守信，叩开成功之门

人无信则不立，业无信则不存，诚信是做人的基本准则。

诚信是青少年取得成功的奠基石。青少年只有守信用，才能取信于他人，取信于社会。只有诚信，才能叩开成功之门。

## § 诚信，成功的奠基石

古往今来，不计其数的文人墨客不惜泼洒浓墨重彩，谱写讴歌人生的华丽乐章。在书中我们体味着诚信所带来的真善美，所有对真善美的选择均是来源于“送人玫瑰，手有余香。”正是由于诚信的支撑，人生才会变得愈加美丽；正是由于诚信的驾驭，人生才不会如同失去方向的航船，随波逐流。

伟大的教育家陶行知先生在教育子女时，就非常注意培养他们诚实的品德。1940 年，陶行知的儿子陶晓光到成都一家无线电修理厂学习工作，为了顺利进厂，他通过关系得到了一张假毕业证书。陶行知得知这件事情后非常生气，打电报要他将证书立即寄回，并写信告诫他：“宁为真白丁，不做假秀才”，要他追求真理做真人，做诚实守信的人。

诚信是天使的恩惠，她像一粒种子，播撒在一个善良的角落，根植于每一片真诚的土地，你只需要精心地呵护，就能长成一棵参天大树。诚信是圣洁的，高山之巅的水，能够洗尽浮华，洗尽躁动，洗尽虚诈，留下启悟心灵的妙谛。

北齐时期到隋朝时期做了好多年官司的房彦谦，他从不欺上瞒下，只靠俸禄来维持家里的生活开支。虽然家境一直很清贫，但他从不在意。他以身教子，诚信做人，清廉为官。他的儿子房玄龄受到父亲的熏陶，从小就养成了诚实守信的美德。后来，房玄龄品学兼优，被唐太宗任命为宰相，成为历史上有名的贤臣。

如果说人生如沙漠里的一次旅行，那么我们必须找准前进的方向，所以我们就必须有指南针来辨别东南西北。如果说人生像一辆游艇，那么把手便会帮我们把握小船的方向，而人生航向的正确与否则要靠我们的诚信来掌控。

诚信是打开人们心灵的神奇钥匙，在人际交往中，只有真诚待人，才能与他人建立和保持友好的关系，只有诚信，才能赢得别人的信任。而没有了诚信，彼此之间只有怀疑与猜测，那么这个社会就像没有支柱的大楼终将倒塌，人生也会就此毁灭。

诚信就像一杆秤，它能称出人心的轻与重，诚信就好似一枚凝重的砝码，放上它，生命就不会再摇摆不定。诚信是漫漫人生路途中的第一准则。人一定要守住诚信这一道德底线。如果失去了诚信，就像天空失去了太阳，再也见不到光明；失去了诚信，世间便再也没有了四季。文学家曾经说过："如果生命的宝石用诚信镶边，那么就会变得更加光彩夺目。"而有些人用诚信换金钱，把金钱看得比诚信重的人，他的人生必会黯然失色。

"人，以诚为本，以信为天。"倘若没有诚信，生存世间的青少年将

会化作一粒悬浮于其中的尘埃。诚信贯穿青少年的一生，为其赢得信任与支持，为其成功打下良好的基础。

## § 诚信，奇迹的创造者

拥有诚信，即使是一个小小的桔灯，也可以照亮前方的路；拥有诚信，即使一片小小的浪花，也可以飞溅起整个海洋；拥有诚信，即使是一句简短的话语，也会使人感觉到春天般的温暖。诚信可以唤起沉睡已久的灵魂，诚信可以创造出许多意想不到的人间奇迹。

在很久以前，西方有位哲人曾这样说过："这个世界上只有两样东西能引起人内心深深的震动，一个是我们头顶上灿烂的星空，一个就是我们心中美好的道德准则——诚信。少了诚信，你的人生就像少了翅膀的苍鹰，永远不会展翅翱翔蓝天；少了诚信，你的人生就像没了阳光的照耀，永远昏暗一片。一个没有诚信的人，生活必定是索然无味的！而有了诚信，在人生与风浪的洗礼中，就有资格用最阳光的心情高唱。""诚实乃做人之本，守信乃立事之根"。诚信，它没有重量，但其实却比泰山还重；它虽然无形，却时刻活在人们的心中。诚信是人生的一部分，而且是最重要的那一部分。

诚信犹如大厦的基石，没有基石的支撑，则变得岌岌可危。诚信是人生的导航，没有导航，人生仿佛失去了灵魂，前途一片迷茫。美国批判现实主义家德莱塞曾这样说过："诚信是人生的命脉，是一切价值的根基。"对于青少年而言，诚信就像培植人生靓丽风景的种子，若你一直耕耘，其就会一直美丽；若你将诚信的种子撒满大地，人生将会美丽到天长地久。实施诚信，是青少年人生的伴侣；享有诚信，是青少年生命的灵魂。

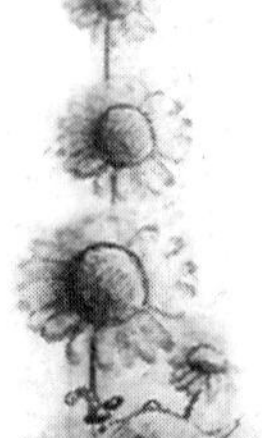

诚是金，信是银，拥有了诚信，就拥有了人生的最大财富。倘若没有诚信，人与人之间的一切交往将无法进行，一切工作将无法开展，整个社会将会因此而变得毫无秩序。人生苦短，青少年若要增加生命的宽度，就应该以诚为本；若要叩开成功的大门，就要做到诚实守信。

## 5 诚信，通行人间的特别通行证

信用既是无形的力量，也是无形的财富。

——松下幸之助

诚信是做人的基本准则，是前进道路上的通行证。穿上诚信的鞋子，你会站得更稳，走得更远；插上诚信的翅膀，你会飞得更高，找到更加广阔的天空；背上诚信的行囊，你将会将它填得满满的。没了诚信这张通行证，你将寸步难行；没了诚信这张通行证，你就像井底之蛙，只能死守那口只看见一丁点儿天空的枯井。诚信就如我们所需的养分一样重要，舍弃了它，你所面对的只有死亡。因此，为了维系我们的生命，请把握诚信这张通行证。

### § 诚信，人生的王能通行证

守信用表面上看来好像就是对某种冷冰冰的条文的遵守和执行，其实它隐藏着的是对诺言的尊重，对他人的尊重，对社会的尊重，更是对自己的尊重。

公元前681年，齐国侵占鲁国，鲁军眼看着就要失败了。于是，鲁庄公请求献出遂邑来媾和，齐桓公就允诺与鲁人在柯地盟会。在即将盟誓之际，鲁国的曹沫在祭坛上用匕首劫持了齐桓公，并说道："归还鲁国被侵占的土地！"迫于无奈，齐桓公就答应了。然后曹沫扔掉匕首，转身回到面向北方的臣子之位。事后齐桓公十分后悔，既想不归还鲁国被占的领土，还想将曹沫杀死。管仲说："如果被劫持时答应了人家的要求，然后又背弃诺言杀死人家，是满足于一件小小的快意之事，而在诸侯中却失去了信义，也就失去了天下人的支持，不能这样做。"于是齐桓公就把曹沫三次战败所丢的全部领土归还给鲁国。诸侯闻知，均认为齐国守信而愿意归附。公元前679年，诸侯与齐桓公在甄地盟会，齐桓公从此成为天下诸侯的霸主。

在现实生活中也是如此，只有具有"一诺千金"的高尚道德操守，才有利于人们在自己脚下铺就通畅广阔的人生之路。对于一个社会而言，诚信就是生命；对于一个人而言，诚信是进入社会的通行证。青少年若要立足社会，干出一番事业，就必须具备诚实守信的品德，只有这样你才能赢得别人的诚信，才能被社会所接纳。其实每个青少年无时无刻不在为诚信做着记录，如果一个青少年没有一个良好的诚信记录，即使其能耐再大，也会处处碰壁，难以找到施展才能的用武之地。

对于青少年而言，其历程将是一份档案，诚信也将被记载备案，它是青少年做人品质的历史见证。拥有一张高诚信分值的诚信名片，将是人生路上的万能通行证，进门要用"身份"卡，出去逛街要用"银联"卡，走在路上与人交际要用"诚信"卡，手有"诚信"卡，走遍天下皆真友；丢掉"诚信"卡，永远没有真朋友。

守住诚信，不是信守一句空话，不是信守一纸空文；守住诚信，是信守人生的一盏明灯，是信守心中的一座圣殿。对于青少年而言，只有守住诚信，才能“朋友满天下”；只有守住诚信，才能获得最好的通行证。

# 6 失信，最终将害了自己

当信用消失的时候，肉体就没有生命。

——大仲马

不讲信用是一种慢性自杀，虽然有个别的不讲信用者现在能获得好处，但那肯定是暂时的，不会长久，终究会毁了自己。纵观历史，没有一个不讲诚信的人能够长久立足，没有一个不讲诚信的企业能够发展壮大。失信于人，最终害得还是自己。

## § 诚信的无形资产

有这么一则广告：卖狗的把小白狗身上涂上黑色的油彩，俨然成了一个以假乱真的名贵的“斑点狗”；还有一位的士司机满头大汗地在计程器上做着手脚。最后的结果却十分讽刺：的士司机提着一只名贵的“斑点狗”去找卖狗的理论；买狗的坐在车上因车费与司机争论不休。

这一现象值得人们去深思。

“诚信”是社会运行中的一笔巨大的无形资产，同样也是人赖以生存的资本。人只有拥有诚信，才能获得长久的发展，而一时的奸计得逞，也许会赢得个人眼前的蝇头小利，最终丧失的却是个人的社会信誉与更长远更丰厚的利益。

赵某因嫌在公司上班不挣钱，便想着自己先开一个公司看看能不能多挣点钱，于是，他便与一个朋友商议合伙开一家电脑公司。因赵某手中没钱，双方协议由那个朋友出钱，赵某负责技术及日常管理。在店面装修阶段，赵某为了赚取私利，伙同建材市场的老板抬高建材及工程款，结果装修费用大大超出了预算，赵谋私吞差价5000余元。朋友到建材市场一打听，发现赵某的材料购置支出与市场报价相差惊人，便中止了合作协议，将赵某拒之门外。

快放暑假了，办电脑公司碰了一鼻子灰的赵某又向同事小张商量借几百块元钱，谎称买电脑差这么多钱。小张挺大方，就把银行卡给了他，并告诉他密码。结果赵某把卡里的几千块钱全部取了出来，去杭州、洛阳等地逍遥了一圈，直到暑假过后才回来。单位在得知赵某的所作所为后，认为赵某的行为有损公司形象，遂决定立即解聘他，再不录用。

“世上没有不透风的墙”，即使一开始谎言很完美，但终有一天会被揭穿的，只有诚实守信，才是生命中最宝贵的资产。正如西方的一句谚语说，“你能永远骗少数人，也能暂时骗所有人，但你不能永远骗所有人”。

一个人想要立足或更快地得到别人的认可，就必须“诚信”，反之，就一定会害人害己。

## § 诚信的力量

一个拥有高学历的人，曾因不诚实而被公司拒绝。他拥有博士后学位，按说可以在任何一家就职，可是为什么没有一家公司愿意用他呢？一天，他出去找工作，来到一家大公司和老板谈了一下，很快他就得到了答案：我们不雇用你。他又来到第二家大公司，老板也是直截了当地把他拒之门外。他接连跑了好几家大公司，然而没有一家公司雇用他，而且都是不假思索地拒绝了他的要求。

他感到不可思议，一个博士居然这么多公司都不雇用，公司老板是不是“有眼不识泰山”啊？最后，他来到一家小公司，他想，不会连个小公司都不要我吧？他和老板谈了一会儿，得到的答案依旧概不考虑。他愤怒地问：“你没看清吗？我可是博士后，为何不雇用我？”

老板镇定地说：“因为我查到你乘车时逃过三次票。”

可见，诚实是多么重要，即使你拥再高的学历，只要你不诚实，你就永远不被人们所欢迎，甚至连一位可以谋生的职业都可能没有你的份。而只有你拥有了诚信，社会上才有你的立足之地。

诚信是沟通人与人之间的“桥梁”，正如莎士比亚所说的：“对己能真，对人就能无伪，就像夜晚接着白天，影子随着身形。”

韩非子曾说：“巧诈为拙诚”，可见诚信一个人的最基本的行为道德，所以一个人必须要诚信，否则终将会害人害己。

青少年朋友们，这就是诚信的力量，诚信是实现个人价值的基础。诚信对于任何人、任何团体都起到了非常大的促进作用。所以生活必须有诚信，唯有诚信的点缀，才会为荒漠注入新绿，反之，生活只会像戈壁滩上的茫茫沙丘，了无生机。

# 7 诚信是立身处事之根本

诚实是力量的一种象征，它显示着一个人的高度自重和内心的安全感与尊严感。

——艾琳·卡瑟

真诚，是待人之根本。真诚是良好的道德品质，是处理人际关系的前提条件。《中庸》里这样说道："诚者，天义之道也；诚之者，人之道也。"这句话的意思是，真诚是上天的原则，追求真诚是做人的原则。

## § 真诚可驾驭各种局面

美国有位心理学家曾对学生做过一次有趣的测验。他列出555个描述人个性品质的形容词，如真诚、理解、慎重、大胆、慷慨、忍耐、坚定、敌意、说谎等，结果评价最高的品质是真诚，评价最低的是说谎。毫无疑问，具备评价高的品质会提高一个人受人爱戴的可能性，反之，具有评价很低的品质就会减少这种可能性。

有人曾说过："温和与友善总是比愤怒和暴力更有力。"人际交往中，风采、风度都是需要的，但最需要的还是风骨——真诚。在和他人交往时，自己首先就要有真诚的态度。与人相处、交往时，真诚地表现自己，只要相信自己的观点是正确的，只要认为自己的态度、兴趣或情感是“真实自我”的反应，就要自然地表现出来，不要玩深沉、逢场作戏或个人琢磨不定、过分压抑等，真诚地对待别人，这样才不致使交际受挫。

工程师舒伯特希望他的房东能够降低房租，可是，他的房东是个很难缠的人，很多人都在这方面做过努力，最终结果都是以失败告终。大家得出了一致的结论：房东太难打交道，不近人情。

舒伯特决定试一试，于是便给房东写了一封信，他在信中说只要合同一到期，他就搬出去，事实上舒伯特并不想搬走，如果房租能降低的话，他依然想租下去。没过几天，房东就带着他的秘书来找舒伯特。舒伯特用非常友善的方式在门口欢迎他，十分的热情。

舒伯特并没有立刻和房东谈论房租太高，而是先强调自己是多么喜欢他的房子，并且还称赞房东管理有方，希望能再住一年，但是房租有点儿过高了。

这个房东从来没有遇见过一个如此热情而真诚的房客，他简直不知该怎么办才好。他开始向舒伯特诉苦，其中有一位房客给他写过14封信，在信中有些言词极其粗鲁，太伤他的自尊心了；还有一位房客威胁他，如果他不制止楼上那位打呼噜的房客，就要退租。

房东高兴地说：“有你这样满意的房客，我真是太轻松了。”

这个房东在舒伯特没有提出要求之前，就主动提出减收一点租金。并且，舒伯特希望房东再少一些，说出他能负担的数目，房东一句话也不说就同意了。将要离开时，还转过身来问舒伯特：“有没有需要装饰的地方？”

房东居然能说出这样的话，真是太惊人了！之后，舒伯特谈了这件事，他还说：“如果我用其他房客的方式要求减低房租的话，我相信我一定也会遇到相同的阻碍，我之所以会成功，恰恰就是因为我的友善、真诚、同情和赞扬。”

其实，世上没有办不成的事，只有不会办事的人。一个会办事的人，可以在纷繁复杂的环境中轻松自如地驾驭人生局面，凡事逢凶化吉，把不可能的事变为可能，最后达到自己的目的。这关键是看你用什么方法、用什么技巧、用什么手段。

## § 让诚信成为人脉

诚信贯穿于我们生活的每时每刻，遍布世界的每个角落，诚信可以说就是我们的人脉。那么，什么是人脉呢？首先，人，是指大众，脉，就像形容山丘的绵绵不断一样，连在一起就是指大众一起不断地发展。安东尼·普曼曾在《规划资源》这本书中提道：建立人脉是为了要互通；另外，费思和维拉合著的《强势人脉》一书中也指出：人脉是一种互相提拔，让彼此形成合则两利的共荣圈，简言之，人脉就是“施”与“受”的过程，也就是必须展示自己的实力，让自己有能力“布施”来帮助他人，未来才有机会“接受”回报。而诚信作为我们走向社会的无形资本，也可以说是一种“人脉”，因为有了“诚信”在先，你的人缘才会好，才能得到更多的“财富”。

诚信与我们的人际关系紧紧相连，诚信贯穿着我们的人际关系。没有诚信这个点，人际关系这个面就无从谈起；没有诚信这个根，人际关系这棵树就只能死去；诚信是花，没有诚信，就永远结不了果；诚信是过程，人际关系是结果。可以这样说，没有诚信浇灌的人际关系终将枯萎；而人际关系的生根发芽则依赖于你是否诚信。诚信有助于人际关系，人际关系则依赖于诚信。人脉就是经由人际关系而形成的人际脉

络。所以，诚信是人脉，是人是否成功的关键。

成大事最主要的是先做人，只有你做人成功了，才能事业成功，所以在现实社会中，经营事业的过程也是经营人脉的过程，就是人，人脉是金，却贵甚黄金；因为黄金有价，人脉无价。拥有良好的人脉关系，我们就会如鱼得水。

日本小池国三的成功就是很好的例证。小池国三13岁背井离乡，在一家小商店做店员，同时替一家机器公司做推销员。一次，他推销机器十分顺利，半个月与33家顾客签订了合约。后来，他发现所卖的机器比其他公司出品的同样性能的机器价格昂贵。这时他想，自己的客户如果知道了，一定会后悔，更谈不上以后的生意。于是他就带着合约，挨家挨户进行说明，请客户废约。

然而，他这样做不但没令客户反感，反而使更多的客户把他介绍给亲朋好友和邻居。同时，人们加深了对他的信赖和敬佩，使他后来成为日本证券公司的创业者、小池银行和东京瓦斯公司的董事长。小池国三最初的成功并非得益于人们对他年幼的同情，而是他独具人格魅力的诚信。

个要想圆满做事，切莫忘了投入自己的诚信和情感：积累自己的人脉资源。人脉资源越丰富，成功的机会就越多。

## 轻轻地告诉你

“世事洞明皆学问，人情练达即文章。”为人处世虽然复杂，需要察言观色，见机行事，灵活多变，但万变不离其宗，做人最根本的一条便是讲诚信。诚信为人，赢得的一定是信赖和尊重，诚信对待生活，我们终将能取得成功。诚信，也许在你经历世俗风霜中，会被其他物质掩盖了事实，但那只是暂时的，只要你精诚所至的决心永不言败，最终将会使他们露出损人的真面目，最终会使你的生命如一股清泉，沁人心脾、永不枯竭！所以好好把握，因为“诚信”是立身处事之根本。

# 8 诚信是一种责任

人需要责任感，就像瞎子需要明亮的眼睛一样。

——高尔基

真诚是巨大痛苦的一剂良药，是沙漠中的一汪清泉，是阴云遮不住的一片晴空……诚信，就是要诚实、守信用，对自己、对他人、对集体要有责任感。换言之，诚信就是一种责任。每一个人在自己的生命中都是主角，但是在别人的生命里也扮演了不同的角色，而不论哪一种角色，都代表着一种责任。今天，社会对诚信的要求也越来越高，即使你，还是一名青少年，也承担许许多多的责任。

不要以为青少年的责任就是学习，责任是从出生就注定的，谁也无法推托。对于自己要有强烈的责任心，自己的人生要自己负责，不要总想着依靠别人；对于身边的人也要有责任感，即使他们只是你生命中的过客，你也要对在你生命中曾留下足迹的人讲诚信。因为，诚信就是一种责任感的体现。

## § 对自己有责任心，亦是诚信

著名的爱尔兰作家克里斯蒂·布朗，在幼时就身患脑瘫，有口难言，全身只有左脚听使唤。对这个小生命的降临，他的父母是既惊喜又伤悲。布朗长到5岁还不会走路，也不会说话，身体也不能活动，父母带着他四处求医，却无济于事。一次，妹妹和布朗玩，看到妹妹在地上用粉笔写字，布朗突然兴奋起来。他使劲伸出唯一听使唤的左脚，将粉笔夹到指缝里在地上写下了生平写的第一个单词“mother”（妈妈）。这让布朗的父母欣喜若狂，之后他们用自己的努力给了布朗和正常人一样的教育内容，布朗以自己的聪明才智很快学到了很多知识。他虽然身残，但是志不残，最后他凭借着才能与毅力，加上持之以恒的努力，成功地学会了用左脚做一系列的事情，如打字、画画、写作诗文等，充分发挥了自己唯一的肢体的功能。

布朗21岁那年，他正式出版了自己的第一部自传体小说《我的左脚》。他在自传中，向世人宣告，“我的左脚支撑起了我的整个生命，我的左脚在创造着不屈不挠的生活。”之后，他创作了很多作品。在他短暂的一生中一共有五部小说、三本诗集先后问世，他以真挚的感情、深刻的哲理、动人的故事和诗一般的语言震动了读者和文学界，成为爱尔兰最有名的诗人和小说家，创造了爱尔兰的神话与奇迹。

布朗用惊人的毅力对他残缺的人生负了责，很认真地完成了上天交给他的苦难作业，而且还很完美，这何尝不是对自己的一种诚信呢？在这个世界上，只有对自己讲诚信的人，才会对他人诚信。面对不公的待遇，他并没有表现出对这个世界的愤恨，也没有因此而选择逃避，而是选择了诚信，选择了对自己负责。也许是上帝想弥补自己的过失，它虽然没有给布朗一个健全的身躯，却赋予了他智慧和灵巧的左脚，布朗就以此来完成所有想做的事情，让全世界的人都对他肃然起敬。

能够做一个健全的人是幸福的，这是布朗给予人们的警示。青少年要从小就明白生命赋予自己的意义，任何成功的取得都不会是一帆风顺的，对正常人况且如此，更不用说对于像布朗这样大脑有残疾的人了。

人成长的过程就是一个不断承担责任的过程，在承担责任时，应该学会用好的方式来承担，合理分配自己的时间，让自己不仅付出该付出的，而且还能得到自己应该得到的，享受承担责任的快乐，这便是因诚信所应该得到的。很多情况下，责任不是可以自主选择的，但是却可以自主地去做、去把握，从而掌握自己的人生。

## § 对他人讲诚信是一种责任

一个理发师每天上班下班，努力过着自己的生活。一天，他接待了一个身着破旧衣服的老者。理发师对老者上下打量了一番，见他穿着很随便，而且看起来很肮脏，觉得他好像是个乞丐。说实话，理发师宁愿不挣钱也不想给这个老乞丐剪头发，连他的头发也不想碰，但是开店做生意，即使有满肚子的不愿意他也得笑脸相迎。于是理发师强忍着心中的不愉快，随随便便地给老者剪了剪头发。结账时，老者伸手从口袋里胡乱抓了一把钱交给理发师，便头也不回地走了。理发师转身一数，不由得乐了，那傻老头儿多给了好多钱呢！

过了一个月，那老者再次踏入理发店，理发师一眼就认出来了。于是客气地接待，上心理发，热情地问他对发型有没有什么要求，直到老者满意为止。这两种截然不同的态度并没有让老者感到吃惊。到了结账时，老者从口袋里拿出一把钱，认真地数了数，一分不少，但一分也不多。这让理发师觉得很奇怪，便开口问原因。老者笑着说："上次你不负责任地胡乱给我剪了头发，我就胡乱地付钱给你，这次你很认真地给我剪，所以我也很认真地付钱给你。"

不要认为别人的生活与你无关，很多时候自己的人生是与别人分不开的。作为一名理发师，就必须为自己的工作负责，为顾客的形象负责。也许就因为你玩世不恭的态度，别人会因此而受到不必要的伤害。青少年更应该将对他人讲诚信当作一种责任。如果一个人没有责任心，也就谈不上所谓的诚信。

如果对他人失去了诚信，不仅会失去一份威信，修复它的成本也是巨大的。

罗曼·罗兰说："一个人的责任感越崇高，生活就越纯洁。"培根说："责任好比宝石，它在无数光影的照耀下显得更加灿烂。"

青少年应当充分发挥自己的智慧，用自己的汗水实现自己的人生理想，体现自己的人生价值，有做一个有益于社会、有益于他人的人。有时候，你的成功维系着对社会的责任感，这也是你诚信的一种表现。

# 第八章

## 生活的真谛——拥有一把点石成金手杖

拥有一颗诚实守信的心，生活将处处充满阳光。

生活如酒，或芳香，或浓烈，或馥郁，因为诚实，它变得醇厚；生活如歌，或高昂，或低沉，或悲戚，因为守信，它变得悦耳；生活如画，或明丽，或黯淡，或素雅，因为诚信，它变得美丽；生活如书，书中的字要我们用诚信去写，我们的生活要用诚信去呵护。

青少年要想将来的生活更美好，要紧握好诚信这把点石成金的手杖。

# 1 与诚信牵手，与快乐同行

没有诚信的人，是永远不会获得快乐的。

——题记

如果你是真诚的，那么，你就是快乐的。在这个飞速发展的世界，经济潮胜的今天，物欲横流的社会，使你快乐轻松的资本是什么呢？金钱？物欲？名利？地位？这些只能使你过得奢侈，但它绝不是快乐资本。只有诚信才是你快乐的源头。

## § 讲诚信，才会快乐

诚信是海滩上的贝壳，尽管埋在沙里，但每一颗都能发出耀眼的光辉。诚信是乡间的野花，尽管很不起眼，却可以传递辽远的馨。诚信为快乐做人之本。

在一个傍晚，一个十分贫穷的年轻艺人像往常一样站在地铁站门口，专心致志地拉着他的小提琴。琴声优美动听，虽然人们都急急忙忙地赶着回家过周末，但还是有很多人情不自禁地放慢了脚步，时不时地会有一些人在年轻艺人跟前的礼帽里放一些钱。

第二天黄昏，年轻的艺人又像往常一样准时来到地铁门口，把他的礼帽摘下来，很优雅地放在地上。和以往不同的是，他还从包里拿出一张大纸，然后很认真地铺在地上，四周还用自备的小石块压上。做完这一切以后，他调试好小提琴，又开始了演奏，声音似乎比以前更动听、更悠扬。

不久，年轻的小提琴手周围站满了人，人们都被铺在地上的那张大纸上的字吸引了，有的人还踮起脚尖看。上面写着："昨天傍晚，有一位叫乔治·桑的先生错将一份很重要的东西放在我的礼帽里，请您速来认领。"

见此情景，人群之间引起一阵骚动，都想知道这是一份什么样的东西。过了半小时左右，一位中年男人急急忙忙跑过来，拨开人群就来到小提琴手面前，抓住他的肩膀语无伦次地说："啊！是您呀，您真的来了，我就知道您是个诚实的人，您一定会来的。"

年轻的小提琴手冷静地问："您是乔治—桑先生吗？"

那人连忙点头。小提琴手又问："您遗落了什么东西吗？"

那位先生说："奖票，奖票。"

小提琴手于是掏出一张奖票，上面还醒目地写着乔治·桑，小提琴手举着彩票问："是这个吗？"

乔治·桑迅速地点点头，抢过奖票吻了一下，然后又抱着小提琴手在地上跳起了舞。

原来事情是这样的，乔治·桑是一家公司的小职员，他前些日子买了一张一家银行发行的奖票，昨天上午开奖，他中了50万美元的奖金。昨天下班，他心情很好，觉得音乐也特别美妙，于是就从钱包里掏出50美元，放在了礼帽里，可是不小心把奖票也扔了进去。小提琴手是一名艺术学院的学生，本来打算去维也纳进修，已经定好了机票，时间就在今天上午，可是他昨天整理东西时发现了这张奖票，想到失主会来找，于是今天就退掉了机票，又准时来到这里。

后来，有人问小提琴手："你当时那么需要一笔学费，为了赚够这笔学费，你不得不每天到地铁站拉提琴。那你为什么不把那50万元的奖票留下呢？”

小提琴手说：“虽然我没钱，但我活得很快乐；假如我没了诚信，我一天也不会快乐。”

这则故事告诉了我们一个深刻的道理：只要你肯与诚信牵手，那么，你就可以和快乐同行。人生的道路上，诚信是我们不可或缺的精神食粮。在生活的过程当中，诚信是我们必不可少的道德法则。

## § 诚信使我们生活得更幸福

当代西方经济学界的权威人物萨缪尔森，从经济学的角度对人的幸福问题进行了研究，并以经济学家独特的思维范式，为人们提供了一个意义深刻的“幸福方程式”：幸福：效用／欲望。

从这个方程式我们能够看出，幸福与效用成正比、与欲望成反比。其中，“效用”作为一种实体的存在，在一定时空中，它总可以认为是一个既定的量或是一个既定范畴里的变量。如凡能引起快乐和避免痛苦的东西，都可以有效用。根据人的思想、性格来说，不同的人，能引起快乐和避免痛苦的因素各有不同，所以效用也各有不同。而作为分母的“欲望”就不同了，它作为一个带有一些虚空特色的变量，其变动范畴就宽泛得多：当欲望趋于无穷大时，幸福就趋于零；而当欲望无限变小，不断地趋近于零时，其结果就会变得没有意义。也就是说，当一个人失去了任何欲望，幸福对他来说已不复存在。

在“幸福方程式”中，诚信是一个最大的参数，它不仅会扩大分子“效

用”，还可调适分母“欲望”。对于分子“效用”而言，在市场经济的社会里，一个人的效用获得，绝大部分必须通过交换行为方可实现，那么信用程度越高,交易成本就越低,效用获得量就越大。正如富兰克林所说的:“如果你是以谨慎、诚实而为人所知,那么一年6镑可以给你带来100镑的收获”。所以就分子分析，我们不难得出结论：一个人越是诚实守信，效用获得就越多，幸福的感觉就越强烈。对于分母而言，要从人们追求幸福最大值的角度出发,讨论如何保持适度欲望的问题。事实上,社会的所有规范的创设,目的就是调整人们的欲求，不使人的欲望过度膨胀。

综上所述，讲诚信的人必然是最幸福的。反过来就是说，要做幸福的人，就必须讲诚信。追求的幸福有多大，诚信力就必须有多强。幸福不是等来的，不是别人给予的，而是靠自己争取来的，是用辛勤的耕耘换来的，是靠诚信力赢得的。想要幸福维持得越持久，诚信力就必须越有韧性。

**轻轻地告诉你**

诚信是你的鼻子，没有它，你享受不了木兰花的芳香；诚信是你的眼睛，没有它，你看不见那蔚蓝的天；诚信是你的手，没有它，你触摸不到你的心跳；诚信是你的脚，没有它，你感受不到祖国山川的秀美；诚信是你的生命，有了它，才能释放出人生的辉煌。

# 2 生活中，做一个诚实的人

走正直诚实的生活道路，会有一个问心无愧的归宿。

——题记

做一个诚实的人比做一个优秀的人更重要。诚实是做人的根本。人生在世，若无诚实的品德，就如行尸走肉一般，与动物没有什么样区别。诚信是青少年责无旁贷的义务，一个人要想谋取长久的发展，首要的是做个诚实的人。

## § 诚实生活，诚实做人

早在2000多年前孔子就教育他的弟子要诚实。在学习中，知道的就说知道，不知道的就说不知道。他认为这才是对待学习的正确态度。做个诚实的人，你会发现你很开心。你的心灵比别人清洁，你的生活会比别人美好。

一个顾客走进一家汽车维修店，自称是某运输公司的汽车司机。“在我的账单上多写点零件，我回公司报销后，有你一份好处。”他对店主说。但店主拒绝了这样的要求。顾客纠缠说：“我的生意不算小，会常来的，你肯定能赚很多钱！”店主告诉他，这事无论如何也不会做。顾客气急败坏地嚷道：“谁都会这么干的，我看你是太傻了。”店主火了，他要那个顾客马上离开，到别处谈这种生意去，这时顾客露出微笑并满怀敬佩地握住店主的手：“我就是那家运输公司的老板，我一直在寻找一个固定的、信得过昀维修店，你还让我到哪里去谈这笔生意？”面对诱惑，不怦然心动，不为其所惑，虽平淡如行云，质朴如流水，却让人领略到一种山高海深。这是一种闪光的品格——诚实。

无独有偶，在很早的时候，尼泊尔的喜马拉雅山南麓很少有外国人涉足。后来，许多日本人到这里观光旅游，据说这是源于一位少年的诚信。一天，几位日本摄影师请当地一位少年代买啤酒，这位少年为之跑了3个多小时。第二天，那个少年又自告奋勇地再替他们买啤酒。这次摄影师们给了他很多钱，但直到第三天下午那个少年还没回来。于是，摄影师们议论纷纷，都认为那个少年把钱骗走了。第三天夜里，那个少年却敲开了摄影师的门。原来，他只购得4瓶啤酒，尔后，他又翻了一座山，蹚过一条河才购得另外6瓶，返回时摔坏了3瓶。他哭着拿着碎玻璃片，向摄影师交回零钱，在场的人无不动容。这个故事使许多外国人深受感动。后来，到这儿的游客越来越多……

这就是诚实的魅力所在。正是由于诚实做人，才使维修店的店主得到尊敬；正是由于诚实做人，一位少年让更多人刮目相看。只有做一个诚实的人，才能博得人们的信任和尊敬。

### 轻轻地告诉你

诚实是培养健康人生的基础。如果老老实实地做人，就会有一种踏踏实实的感觉；如果总爱说谎，就会有一种哪天谎言被戳穿的忐忑不安的感觉。做人如果离开了诚实，即使这个人头上有着光环、手中握有权势或金钱，最终都将昙花一现，令人不齿。诚实无价，青少年应该将这种美德深植于心！

# 3 坚守诚信，完善人格

诚实守信是一种难能可贵的品质，它可以完善你的人格。

——题记

参天大树挺拔耸立，靠得是深扎大地的根的默默支撑；凌云高楼气势撼人，来自厚重坚硬的基石无语的支撑；那么，人又是靠什么来支撑起无比睿智的人生呢？那就是——诚信！坚守诚信，就是坚守气节和操守；坚守诚信，就是坚守做人的根本。

## § 坚守诚信，完善人格

不论时间如何变迁，时代如何变换，诚信永远走在历史的最前沿，它标志着一个国家的文明和进步。青少年更需要知道诚信对于人生的重大意义：坚守诚信可以完善你的人格。

夜色已经很深了，一个绅士走在回家的路上，忽然被一个衣着破烂、满面污垢的小男孩拦住了去路。这个小男孩用乞求的语气说：

"先生，请您买一包火柴吧。"

"我不买。"绅士回答他，说着他躲开男孩儿继续向前走。

"先生，请您买一包吧，我今天什么东西也没有吃呢。"小男孩追上来说。

绅士无奈，便说："可我没有零钱。"

“先生，你先拿上火柴，我去给你换零钱。”说完男孩拿着绅士给的一个英镑跑走了，绅士在原地等了很久，男孩始终没有回来，他只好自认倒霉地回家了。

第二天，绅士正在自己的办公室工作，他的仆人说有一个男孩要求见他。绅士便让男孩进来了。这个男孩穿得很破旧，个头十分矮小，他见到绅士时说：“先生，对不起，我的哥哥让我把这些零钱给您送过来。”

“你的哥哥呢？”绅士问道。

“我的哥哥换完零钱，在回去找你的路上被马车撞成重伤，现在他在家躺着呢。”小男孩泣不成声地说。

绅士被深深地感动了，感动于两个如此年幼的孩子，却深知诚信的意义。他立即说道：“走！我们现在去看你的哥哥！”

绅士去了男孩的家，见到了被撞成重伤的男孩。男孩一见绅士，连忙说：“对不起，我没有给您按时把零钱送回去，失信了！”

当绅士了解到两个男孩的亲生父母都已双亡时，毅然决定把他们生活所需要的一切都承担起来。

诚信不仅仅是一个人人格的体现，更是维持生命力的必备因素。青少年要想在生命中的所有领域都获得长期的成功，只能依靠诚信。

如果人生是一条充满荆棘和危险的山路，那么诚信就是我们随身携带的柴刀。只有柴刀才能排除前路的荆棘，扫清前路的危险，拥有如此柴刀才能披荆斩棘，开创出自己的人生之路。

## § 诚信是一种人格的力量

首先，你需要知道诚信是一种自觉的道德行为，但它必须小心地建造，精心地培养，不断地加强。建立诚信需要长期的努力，有时候一个小小的举动就可能把它毁坏，失去了的诚信将很难重新建立起来。大多数人对不讲诚信的人或事都是深恶痛绝的，当信任被亵渎后，造成的伤害是难以想象的深刻而且长久。

其次，诚信也是一种才能。一个诚信的人，是一个有品德的人，一个心胸坦荡的人，一个正直的人。这样的人即使没有金钱，没有荣誉，甚至没有才学，但在世上仍会活得很坦然。古人讲究“三立”：立德、立功、立言，立德排首位，选择人才，要求的也是德才兼备。可见，诚信也是一种才能，而且是一种不容易得到的才能，青少年应该努力地得到它，而且无比珍爱它。

那么，诚信从何而来？真心付出，才有回报。假如诚信是一颗埋藏于人心底的种子，需要真心的雨水浇灌，才会发芽开花。以心换心，才会换来诚信的复苏。没有诚信的世界就像一团迷雾，彼此遥远，无依无助。

青少年需要知道的是：完善的人格魅力，最根本的就是真诚。真诚待人，真诚做事，这是一个人必备的品质之一。

## 轻轻地告诉你

有了诚信，才能有一个完善的人格。以诚信为本，是青少年做人的基本准则。诚信展示了人格的质朴及回归自然的渴求，显示了人的无穷力量的潜在，表现了人的分量及追求价值的尺度。只有讲诚信的人才有可能成为伟大的人，才能被人们所爱戴和景仰。

# 4 生活中“做戏”要不得

真实是所有入的口号，却是极个别人的目标。

——贝克莱主教

生活就像是一道复杂的数学题，如果你不认真对待，很难解出最后的答案。但实际上，偏偏就是有很多人不会认真地对待生活，他们分不清人生的实质价值，总是把“做人”与“做戏”混淆起来，到最后就连自己都掉进了虚幻的境界之中。生活需要的是真实，而不是虚拟。需要的是现实，而不是缥缈，做戏是万万要不得的。对于青少年来说，让自己活得真实更是一件不容怀疑的事情。

## § 人生如戏，做人莫演戏

人生如戏，每个人都是戏中的主角，演绎和诉说着昨天的故事、今天的事情和明天的梦愿。在人生这个大舞台上，每个人都在不同的时期和场合，扮演不同的角色，以适应学习、生活的需要。这些角色的转换，多数是阳光的行为、人生的艺术，是为人们所津津乐道的。

然而，也有一部分人把做人当成演戏，在台前是人，在台后是“鬼”；在人前装好人，在台后做小人。在这些人中，有些人戏演得很“像”，让善良的人们很难识别。但这些人有一个共同的特点，就是凭侥幸走钢丝，有的人演戏时间可能长一点，有的人演戏时间可能短一些，无论如何，最后都是自己搬起石头砸自己的脚，自毁前程，不会得到一个好下场。

在这里要对青少年朋友说，人生如戏，但做人莫演戏，莫去戏弄人生、去戏弄他人。青少年要在短暂的人生旅途中，明明白白处世，堂堂正正做人，扎扎实实做事，成为自己人生中最闪亮的主角，这才算没有白活一场，这样的人生才有意义。小人、贪人一旦走上这条“做人当演戏”的歧路，就很难再回头。劝告这些人，做人莫演戏，演戏必败露。诚实做好人，和谐为他人，找到一条通向光明的有效出路。

台上天花乱坠，什么都敢说，什么都敢喊，到了台下，全然忘却，甚至反其道而行之。台上用贤，台下用亲；台上为民，台下为私；台上法治，台下人治；台上廉政，台下受贿。以做戏的态度做事，结果定然不妙。

## § 做戏，怎么“装”字了得

人们之所以爱做戏，归根结底还是面子在作祟，有了面子人生似乎才有价值，一旦面子受损，那可是比丧失性命还要可怕的事情。所以，才会有“饿死事小，失节是大”之类的话。由此可见，做戏是多么要不得，它几乎已经成为一种“杀人”于无形的工具，成为谋害自己的罪魁祸首！

从前齐国有一个人，他家道中落，日子过得十分穷酸，但偏偏他又是一个十分爱面子的人。此人有一妻一妾，按理说即使日子过得再苦，在自家人的面前是用不着伪装的。但此人却是爱面子爱到了骨头里，即使对于自己的妻妾，他也要打肿脸充胖子。他总是对她们说，经常会有贵宾来请他赴宴，以此来让妻妾相信他似乎很受人尊敬，每天都过着酒足饭饱的日子。可事实上，哪里有什么宴会？他只不过是每天都去东门外的一个墓地里，跑到人家的坟前去乞讨剩余的祭品！在他看来，这样才算是保全了自己的面子，才不致让自己在他人面前提不起头来。

齐国人的做法实在令人觉得好笑，可是在现实生活中，这样的人不在少数。他们就像一个演员，总是在尽力地讨好观众，为每一个身份不同口味各异的观众扮演不同的角色：陌生人面前表现得彬彬有礼，老朋友面前表现地大方坦诚，领导面前表现得毕恭毕敬，下属面前表现得威严独断……总之，他们能和所有的人上演精彩的对手戏。表面上看来，他们一直都在遵照社会规范装模作样，但在内心深处，又有很多人想要摆脱这种口是心非的羁绊，想要从“做戏”中解放，实现自我。

随着社会的发展，商业化的东西越来越层出不穷，于是和商业紧紧相连的一个词语诞生：作秀。尤其是那些名人们，作秀更是家常便饭，媒体对此更是乐此不疲，动不动就搞出一些“特别策划”，“秀”出些新的亮点。当然，这些也并不是没有一丝好处，但凡事都应该有个度，如果类似的东西见得多了，人们难免就会说上一句：都是吃饱了撑的！虽然听起来不太顺耳，但这绝对是一句真话。

**轻轻地告诉你**

固然，有时候做戏能够带给人们许多心动的东西，许多赏心悦目的话语，但不论是什么东西，一旦脱离了真实，就注定会一文不值。青少年更应该明白，做人与做戏之间的差距，不要将两者混为一谈。无论到什么时候，做戏都不会成为生活的主角。

# 5 请脱掉“虚假”的外衣

真实的暗疾是渺小，而伟大的暗疾则是虚伪。

——雨果

为人虚伪实在是伤人又伤己的做法。人们都喜欢与真诚的人交朋友，而不愿意与一个常戴着“面具”的人打交道。真诚待人，情义会长留别人心中；为人虚伪，终究会因败露而被人鄙弃。因此对于青少年来说，拒绝虚假是做人的第一步。

在人际交往中，有一条备受人们推崇的交际法则，即“黄金法则”：你想让别人怎样待你，你也要怎样待人。这几乎成了人们普遍遵循的处世原则。同理，在生活中，每个人都希望得到别、人的真诚相待。若想要得到别人的真诚相待，那么你首先必须要做的便是真诚地对待别人。你与人为善、真诚待人，别人通常也会反过来如此待你。

## § 做人拒绝虚假

在意大利的罗马城，有一座有名的雕像：一位老人张着大口，好像在呼喊什么。据说，这座雕像可以判断一个人是真诚的还是虚伪的。只要这个人将自己的手伸进老人的嘴里，如果这个人是真诚的，那么他的手会安然无恙，如果是虚伪的，他的手就会被雕像“咬掉”。当然，这只是一个传说而已，无数人都将自己的手伸进过老人的嘴里，但从来没有一个人的手被“咬掉”过。但即便是这样，人们依然乐此不疲地做着同样的举动，这座雕像的名气也从来没有因此而损。不难看出，这座雕像存在的实体意义已经被人们忽视，人们更加重视的是它寄托了人们追求真诚、拒绝虚假的愿望。

虚假就是表里不一，就是口是心非，就是口蜜腹剑，就是笑里藏刀，就是违心的恭维。虚假的程度越高，就越能够练就一身“无情无义之功”，造就的是铁石之心肠。虚假的人最拿手的一招，就是善于给自己制造一种可亲可爱的假象。虽然是第一次见面，但他们却会像一个久别重逢的故友一样，紧紧地握着你的双手，力度大的超乎你的想象。他的笑容总是十分灿烂，嘴甜的像涂满奶油的蛋糕，那种热情让你感觉到如沐春风般的舒服。可是只要一转脸，他的表情马上就会变换，那时候有可能连你叫什么都记不得了。

当虚假的成分占据生活的主要部分的时候，人的品质已经出现问题了，此时的他已经缺乏别人接近的资本。一个虚假的人，常常会气衰神疲，紧张与恐惧围绕着他的左右，最终会被不断袭来的沮丧情绪所笼罩而无法自拔。所以，不要再认为自己多么高贵，多么地清高，多么不可接近。要知道，谁和你最近接近，谁受到的伤害越多。

## § 真诚可以带来意想不到的收获

一天晚上，一对老夫妇冒着一场暴风雨走进了一家旅馆的大厅，要求住宿。但是柜台里的年轻服务员对他们说：“真是非常抱歉，我们这里已经客满了。”外面的暴风雨仍在继续，丝毫没有停下来或是变小的迹象，就在老夫妇一脸无奈准备离开的时候，年轻的服务员喊住了他们：“先生、太太，外面的风雨太大了，我实在不敢想象你们这样的老人离开这里却又无处住宿的困境。如果你们不嫌弃的话，可以到我的房间里住一晚。今天晚上我要留在这里值班，所以用不到。”这对夫妇听后自然十分惊喜，他们接受了，对年轻的服务员十分感谢。

第二天，老先生离开的时候去付住宿费，但是被那个服务员婉言谢绝了。他对老先生说：“我的房间并不在客房的范围内，是免费借给你们住的，怎么能收你们的住宿费呢？”老先生很感动地说：“你这样的员工，是每个旅店老板都梦寐以求的，也许有一天我会为你盖一所旅店。”年轻的服务员听之后笑了笑，他明白老先生的好心，但他只当它是一句感谢的话，很快就忘了这件事。

几年后的一天，年轻的服务员突然接到了那晚借宿的老先生的书信，信中邀请他到曼哈顿见面，并且还附上了往返的机票。几天之后，年轻的服务员来到了曼哈顿，老先生将他带到了一幢豪华的建筑物面前，告诉他说：“这就是我专门为你盖的旅店，我以前曾经许下过这样的诺言，现在终于兑现了。”这家旅店就是美国著名的渥道夫·爱斯特莉亚饭店的前身，这个年轻的服务员就是该饭店的第一任总经理乔治·伯特。

谁也没有想到，服务员的真诚会有这么大的力量，能换来一生的辉煌回报。但它却真实地发生了，不容怀疑。诚然，真诚不是智慧，但是它常常放射出比智慧更诱人的光泽。有许多智慧千方百计也得不到的东西，真诚却轻而易举就得到了。

真诚是每一个人都需要的品德。著名诗人裴多菲也曾说：“我宁愿以诚挚获得一百名敌人的攻击，也不愿以伪善获得十个朋友的赞扬。”每个人都喜欢与真诚的人交往共事。众所周知，一个人的成功，50% 以上依靠的是人际关系，此时真诚就显示出了其无与伦比的力量。只有真诚，才能让人相信你，与你做朋友，才能让你在合作中走向成功。

虚假的人令人感到害怕，令人感到彻骨心寒，他们在保护自己的同时也为别人的心理竖起了一道坚不可摧的城墙。青少年正处于身心发育的关键阶段，千万不要让自己染上虚假的“因子”，时刻提醒自己做一个真诚的人，这样才能体现出生命的价值。当你真诚地待人，真诚地做人的时候，你会感到身心的轻松，感到心情无比愉悦。

## 6 不要过分掩饰自己的缺点

不断掩饰自己的缺点，最后只能毁了自己。

——佚名

生活在这世界上的每个人，都或多或少地有一些缺点，或是长相不够漂亮，或是身材不够高大，或是不善交际，或是不善应酬。而每个人都有“完美主义”的倾向，为了能给别人留下好印象，他们只好想尽一切办法来掩饰自己的缺点。

事实上，有缺点并不可怕，可怕的是你被这些缺点弄得失去了自我。其实，别人并不会因为你的缺点而对你进行妄加指责，因为真正完美的人是不存在的。如果你总是一味地掩盖缺点，那么你的人生之路会越走越窄，相反，勇敢地亮出缺点，才是你步入成功的第一步。

## § 正视缺点，智者的心态

很多人都有过这样的经历：当你越是想要掩盖一件事情时，这件事情就越是会在公众面前暴露无遗，让你觉得无地自容，所谓“欲盖弥彰”也不过如此了。而当你坦然地接受这件事时，它反倒容易被大家忽略，其实，对待缺点就应该如此。

纵观古今中外的成功人士，大多数都能够正视自身的缺点，只有这样才能让其他人对自己心悦诚服。而那些只会掩饰自己缺点的人，早已经消失在茫茫的历史大河中。

唐朝时期有个人叫陆元方，他为人诚实不欺，忠厚宽容，是一个远近闻名的正人君子。由于种种原因，陆元方的家境日渐衰落，于是他就想卖掉东都洛阳的一座宅院。很快，他便联系好了一个买家，并收取了对方的定金。谁料，没过多久，当地的太守也看了陆元方的宅子，而且给出了一个很高的价钱：一千万。但陆元方认为，既然已经收取了商人的定金，就不能失信于人，于是坚决不同意卖房子给太守。

几天之后，陆元方在和商人的交谈中得知，商人买下这座宅院是为了开酒楼。于是便坦诚地说道：“我这座宅院总体来说还是不错的，但也有一个缺陷，我得告诉你。那就是它没有出水的地方，如果你要开酒楼可能很不方便。”这个商人听后便开始犹豫了，后来回去和家人一商量，便决定不买了。

陆元方的家人知道了他的做法之后都很不高兴，说他实在是太傻了：“我们想隐瞒都来不及呢，您怎么主动告诉人家呀！”陆元方严肃地说：“我这一生中都没有做过亏心事，假如我不把这些情况告诉买主，不是自欺欺人吗？用这样的手段来骗取钱财，损害了自己的道德修养，这才是最愚蠢的呀！”

虽然陆元方没有将宅院卖出去，但他的诚信却令所有的人敬佩，做人就应该如此。有了缺点不要紧，关键是你如何去看待它，百般掩饰自己的缺点，无疑是让蛀虫在自己身上蛀洞，最终只能毁了自己。

事实上，缺点既然是不可避免的，那么就没有必要为此而忧心，尤其是对于青少年来说，实在不应该让这些烦心的事情耽误了自己大好的年华。人生的意义不在于你是不是没有缺点，而在于你是否把握住了优点，并将其淋漓尽致地发挥出来。“人可以长得不漂亮，但一定要活得漂亮”，不是吗?

## § 掩饰缺点，是无知的表现

亮出自己的缺点，不是伪善的谦虚与奉迎，而是真实地面对与认知；亮出自己的缺点，不是软弱与无能的表现，而是重塑真实自我的第一步。

有一只猫很高傲，总是在向别的动物吹嘘自己有多了不起，对于自己的过失却是百般掩饰。由于它捕捉老鼠的本领还不够高深，于是经常会发生让老鼠从自己的眼皮底下逃走的现象，每当这时它就会说：“这只老鼠太瘦了，我今天先放了它，等以后养肥了再说。”它到河边捉鱼，可不料被鲤鱼的尾巴狠狠地劈头盖脸打下来，脸都肿了起来，它却装出笑脸说：“嗨，捉一条鱼不是再简单不过的事情了吗?主要是我不想捉，而是想用它的尾巴洗把脸。”又有一次，这只猫不小心掉进了泥坑里，浑身都脏兮兮的，同伴们惊讶地看着它，它连忙解释道："最近哪，我身上长了不少跳蚤，用这种方法来治它们，效果最明显了。"后来，它又不小心掉进了河里，同伴们正在想办法救它，它却说："你们难道以为我遇到危险了吗？不，不是的，我只不过是想洗个澡罢了，天气实在是太热了……"话还没说完，它就沉下去了。一位同伴说："它好像沉下去了，我们赶快救它吧。"另一只猫说："算了吧，我看我们还是走吧，就算我们好心救它上来，它也会说它是在表演潜水。"可惜的是，这只猫再也没有上来，彻底地沉入水底了。

在人们的印象中，缺点就是不足，它是会受到人们的嘲笑的。也正是因为如此，很多人才会想尽办法来掩饰缺点。殊不知，缺点固然是不足，但它更是一个正常人所具备的特质，谁都无法想象一个没有缺点的人是什么样子的。所以，不要再刻意去掩饰缺点了。当然，亮出自己的缺点不是一件轻而易举的事情，真正能够做到的人应具有相当的知识储备和极高的人文修养。

## 轻轻地告诉你

敢于面对自身的不足和缺陷，才是智者的心态，勇者的行为。亮出自己的缺点，不仅是一种勇气可嘉的表现，更是一种有魅力的体同，这才是真正的自知与自信。青少年要想绽放自己的青春梦想，就必须敢于正视自身的缺点，坦然面对人生中的各种磨难。

# 7 常存善念，不为小恶

勿以善小而不为，勿以恶小而为之。

——刘备

我们每个人都应该去善待身边人，无论是曾经帮助过我们的人，还是曾经伤害过我们的人，只有这样才能让自己保持长久的舒心、快乐。

## § 善待被人，为自己普利

人生就像一个大舞台，每个人都在扮演着自己的角色，而生活就像山谷回声，你付出什么，就得到什么；你耕种什么，就收获什么。为人们开启一扇窗，就是让自己看到更完整的天空。请丢掉所有的抱怨、偏见、仇恨，善待每一个人，不仅是帮助他人，也是在救赎自己的灵魂。

在英国苏格兰的农田里，一位贫困的农夫正在田里劳作，突然听到不远处有人在呼救，还夹杂着孩子的哭泣声。农夫停下来仔细听了听，感觉可能是有人掉进泥沼地里了，如果不及时救助，可能会有生命危险。于是他迅速跑到泥沼地，果然发现了一个孩子，他急忙将男孩救了起来并带回家里。

几天后，被救男孩的父亲带着丰厚的财物来答谢农夫，可农夫却说："我不能因救了你的小孩而接受报酬，因为不管是谁都会这样做的。"就在这时，农夫的儿子从外面干活回来，被救男孩的父亲看见后，对农夫建议说："既然这样，那就让我为你的儿子尽点力吧！请允许我把你的儿子带走，我将让他接受最好的教育，他定将成为一个令你们感到骄傲的人。"农夫看对方很有诚意，就答应了下来。随后的几年里，农夫的孩子不仅到最好的学校上学，而且所有的费用都由对方负责直到毕业。

或许谁都不会想到，被农夫救起的孩子长大后成为英国的首相丘吉尔，有一次丘吉尔不幸患了肺炎，在生命垂危之际，一位医生为丘吉尔使用了最新研制的药物青霉素，使他脱离了死神的魔掌。更让人想不到的是，这位医生就是农夫的儿子——英国著名的细菌学家亚历山大·弗莱明。

的确，世间万物都是被有机联系在一起的，人也不例外。"人"由一撇一捺组成，一半是自己，一半是他人，试想，如果农夫当初见死不救，英国不仅会少一位杰出的政治家，他的孩子也不会有成功的机会。

古人云：勿以善小而不为，勿以恶小而为之。是的，不要小看那一点点的善，更不要无视那不起眼的恶，也许有一天，你的人生就是因它们而改变。当然，要做到常存善念是很难做，尤其是善待曾经对自己不利的人，更是难上加难。这不仅需要 种博大的胸怀，更需要有以德报怨的美德。其实这世上本就没有绝对的对与错，今日的是，也许是明天的非；今日的非，没准明天就变成了是。所以，青少年要摆正自己的心态，让自己常存善待他人的心，时刻地提醒自己。只要跨出了这一步，前面将是一片艳阳天。

## § 多行不义必自毙

多行不义必自毙，这是一个永恒不变的定理，在人类社会很多时间很多领域都是有效的。不义之事，即伤天害理之事。行不义之事，必然

会遭到众人的反对，也会受到惩罚，不义之事做得越多，遭到人们的排斥就越多，直到无落脚之地。坏事做得越大，反对的程度越激烈，受到的惩罚越大。悠悠历史长河，风流人物尽出，而其中并不少自取灭亡之人，他们为了满足自身的利益、欲望，而不择手段去达到目的，最终换来偷鸡不成蚀把米的后果。

春秋时期，郑武公在申国娶了个妻子，名字叫武姜。武姜生了两个儿子，一个称“庄公”，一个称“共叔段”。由于在生郑庄公时武姜难产，且受到了深深的惊吓，这也导致她对两个儿子的宠爱明显有差异，谁都可以看出他对郑庄公的厌恶之情。武姜常常在郑武公面前称赞叔段能干，要求立他为世子，可郑武公认为庄公并没有过错，不应该由小儿子成为世子。武公死后，郑庄公顺利登基。但他的弟弟共叔段并没有善罢甘休，在母亲姜氏的支持下，他竭力扩充自己的封地，积极进行夺取王位的准备工作。

朝中的大臣都看出了共叔段的野心，于是规劝庄公早做安排，但庄公只是说：“多行不义必自毙，子姑待之。”后来，共叔段又采用各种手段使郑国西部边境地区的人民听从自己的指挥，不久就干脆将它据为自己的领地，但郑庄公依然不动声色，说：“用不义手段收罗的民众不会团结，再多也会分裂。”再后来，共叔段在自己的封地上修城池，制造兵器，训练兵士，明显是在为攻打郑国做准备工作。再加上母亲姜氏的里应外合，他自认为这场仗是势在必得。可是，就在他率领大军进军郑都时，郑庄公出奇兵攻其窝穴。长时间受到共叔段压迫的农民们也参与战斗，使共叔段兵败，最终被逼自杀。

“善有善报，恶有恶报，善恶到头终有报。”这是从古到今人们总结出来的俗话。自己种下的因，必须自己来收获果实，不论甜苦。在历史的浪潮中，多行不义者大多都是相同的结局，他们总是如同握着一把利剑，把矛头指向他人，然后挥刀乱舞，既刺伤了别人，也会使自己遍体鳞伤。

人的一生中会经历很多的人和事，有的人像颗流星转瞬即逝，有的人则只是逗留片刻，还有一些人会驻留许久。人们在相处时，常会因为一些无法释怀的坚持而避免不了产生摩擦，如果有人冒犯了你，请丢开你的意见和抱怨，那所谓的伤害也就自然消失了。其实每个人的心中都有邪恶与善良，关键就要看你如何来把握两者，在人生中怎么对待自己和怎样看待别人，使自己的意识走入正道而不偏向误区。

## 轻轻地告诉你

常存善念，并不意味着丧失了做人的原则，而是表达了一种积极的对待生活的人生态度，反映出了一种成熟理智的处世方式，更凸显了一种深刻的人道主义关怀。

作为青少年，更应该让自己具备这种胸怀，丢弃每一个小恶，成就大我。很多时候，自己的举手之劳，在需要的人来说可能就是“雪中送炭”。所以，请不要吝啬你的善行！